Manfred Wilde (Hrsg.)
Die nachhaltige Stadt

Manfred Wilde (Hrsg.)

Die nachhaltige Stadt

Zukunftssicherndes kommunales Ressourcenmanagement

DE GRUYTER
OLDENBOURG

ISBN 978-3-11-035382-2
e-ISBN 978-3-11-035404-1

Bibliografische Information der Deutschen Nationalbibliothek
Die Deutsche Nationalbibliothek verzeichnet diese Publikation in der Deutschen Nationalbibliografie; detaillierte bibliografische Daten sind im Internet über http://dnb.dnb.de abrufbar.

Library of Congress Cataloging-in-Publication Data
A CIP catalog record for this book has been applied for at the Library of Congress.

Rosenheimer Straße 143, 81671 München, Deutschland
www.degruyter.com
Ein Unternehmen von De Gruyter

Lektorat: Dr. Stefan Giesen, Annette Huppertz
Herstellung: Tina Bonertz
Titelbild: thinkstockphotos.com
Druck und Bindung: CPI buch bücher.de GmbH, Birkach

Gedruckt in Deutschland
Dieses Papier ist alterungsbeständig nach DIN/ISO 9706.

Inhalt

Manfred Wilde

Einführung

In Deutschland bilden Städte und dörfliche Gemeinden den für die Bürger erlebbaren städtebaulichen, sozialen und wirtschaftlichen Rahmen. Dort sind sie in die ihr Leben bestimmenden Netzwerke eingebunden und nehmen die Wechselwirkungen zwischen dem eigenen Agieren und den von außen bestimmten Einflüssen wahr. Bis in die jüngste Vergangenheit unterlagen viele Bürger dem Glauben an ungebrochene Globalisierung, häufig gleichgesetzt mit Fortschritt und Moderne. Im letzten Viertel des 20. Jahrhunderts war man in Europa erstmals mit dem Thema »Ressourcenverknappung« konfrontiert, ein Thema, das zu Beginn des 21. Jahrhunderts neue Brisanz erfuhr. Wissenschaft und Politik setzten sich erstmals umfassend anhand der vom *Club of Rome* beauftragten Studie[1] aus dem Jahr 1972 und des »Brundtland-Berichts«[2] aus dem Jahr 1987 mit den globalen Auswirkungen der Industrialisierung, dem Bevölkerungswachstum, der Unterernährung, der Ausbeutung von Rohstoffreserven und der Zerstörung von Lebensraum auseinander. Dem folgte auf nationaler Ebene in Deutschland 2001 durch die *Bundesregierung* die erstmalige Berufung eines »Rats für Nachhaltige Entwicklung«. Dieser hat zur Aufgabe, durch Nachhaltigkeitspolitik »eine wichtige Grundlage [dafür zu] schaffen, um die Umwelt zu erhalten und die Lebensqualität, den sozialen Zusammenhalt in der Gesellschaft und die wirtschaftliche Entwicklung in einer integrierten Art und Weise sowohl in Deutschland als auch international voran zu bringen. Ziel ist es, eine ausgewogene und gerechte Balance zwischen den Bedürfnissen der heutigen Generation und den Lebensperspektiven künftiger Generationen zu finden«.[3] Aus der Arbeit des Rats erwuchs 2010 der Oberbürgermeisterdialog »Nachhaltige Stadt«[4], dem der Oberbürgermeister der Stadt Delitzsch angehört. Seit mehreren Jahren ist die kommunalpolitische Ausrichtung von Delitzsch in mehrfacher Hinsicht nicht nur durch politische Bekundungen bestimmt, sondern durch aktives Handeln. Daran partizipieren im interkommunalen Erfahrungsaustausch inzwischen zahlreiche Städte des gesamten europäischen Raums.[5]

In erster Linie waren es die Bürger und Kommunen, die sich aufgrund ihres eigenen früheren kommunalpolitischen Handelns und der Auseinandersetzung mit der

---

1 Meadows, Dennis L./Meadows, Donella H./Randers, Jørgen/Behrens, William W.: The Limits to Growth Universe Books, New York 1972. Deutsche Übersetzung von Hans-Dieter Heck unter dem Titel: Grenzen des Wachstums. Stuttgart 1972.

2 UNWCED World Commission on Environment and Development: Our common future, Oxford 1987.

3 Rat für Nachhaltige Entwicklung: Auftrag an den Rat für Nachhaltige Entwicklung. www.nachhaltigkeitsrat.de/de/der-rat/auftrag-des-rates/ (letzter Aufruf 05.01.2014).

4 Rat für Nachhaltige Entwicklung: Projekte. www.nachhaltigkeitsrat.de/projekte/eigene-projekte/nachhaltige-stadt/ (letzter Aufruf 05.01.2014).

5 Wilde, Manfred/Bruns, Tillman: Delitzsch – Labor für nachhaltiges Handeln. In: Stadt und Gemeinde. Publikation des Deutschen Städte- und Gemeindebundes 3/2014, S. 70–72.

Bewirtschaftung ihres Kommunalvermögens in Form von Schulgebäuden, Kindertagesstätten, Verwaltungsgebäuden, Kultur- und Freizeiteinrichtungen sowie im Wechselverhältnis mit der Wirtschaft und dem Finanzwesen neuen Fragestellungen konfrontiert sahen. Deutlich wird dies an den jährlich steigenden Energie- und Aufwendungspreisen, an steigenden Material- und Beschaffungskosten, am Ergebnis von Ausschreibungen im Bausektor. In gleichem Maße waren und sind davon auch der kleinteilige Handel und die mittelständische Wirtschaft betroffen, die nicht unmittelbar am globalen Einkaufsdumpingwettbewerb teilnehmen können. Nicht zuletzt zeitigt zusätzlich der demografische Wandel mit erhöhten Anforderungen in den Bereichen »Wohnen«, »Gesundheitswirtschaft« und »Fachkräftegewinnung« seine Wirkung.

Diese Faktoren lassen einen Diskurs von verantwortlich in die Zukunft blickenden Fachleuten aus der Wirtschaft, Kommunal-, Landes- und Bundespolitik ratsam erscheinen. Fragestellungen zum ganzheitlichen Ansatz nachhaltigen Handelns, regionaler Wirtschaftskreisläufe und des Erkennens vor allen Dingen der Stadt als eigenständiger Wissens- und Rohstoffquelle – der *Urban Mining* – bedürfen der dringenden Diskussion und beispielgebenden Definition. Am vorliegenden Beispiel der im Freistaat Sachsen gelegenen Stadt Delitzsch sollen die Facetten integrierten wirtschafts- und kommunalpolitischen Handelns beleuchtet und entsprechende Anregungen gegeben werden. Trotz regional unterschiedlicher Rahmen- und Ausgangsbedingungen kann mit dem daraus erwachsenden Erfahrungsaustausch und Erkenntnisgewinn der Spielraum eigenständigen kommunalpolitischen Wirkens erweitert und letztlich ein materieller wie auch immaterieller Mehrwert für die Bürger entstehen.

Theresa Weinsziehr, Mart Verhoog, Thomas Bruckner

Forschung für die und in der energieeffizienten Stadt

Die seit einigen Jahren immer häufigere Verwendung des Begriffs »Nachhaltigkeit« legt die Vermutung nahe, man habe es hier mit einem aktuellen Trend, mit etwas Neuem zu tun. In Wirklichkeit existiert der Begriff jedoch schon seit 300 Jahren. Er stammt aus dem Bereich der Forstwirtschaft und wurde erstmals von Hans-Carl von Carlowitz 1713 in seinem Buch »Sylvicultura Oeconomica«[1] eingesetzt. Carlowitz verwendete den Begriff für die Anweisung, in einem Jahr nicht mehr Holz zu fällen, als im selben Zeitraum nachwachsen kann. Das heutige Verständnis von Nachhaltigkeit ist mit dieser praktischen Anweisung immer noch eng verbunden, doch Bedeutung und Anwendung haben sich weiterentwickelt. Inzwischen ist die Nutzung des Begriffs nicht mehr auf die Forstwirtschaft beschränkt, vielmehr handelt es sich bei der Nachhaltigkeit um ein auf alle Wirtschaftsbereiche anwendbares Grundverständnis, welches das Verhältnis zwischen Mensch und Natur definiert.

Das Prinzip der Nachhaltigkeit wurde von der westlichen Welt in den 1970er Jahren wiederentdeckt. Die bis dahin vorherrschende Wachstumseuphorie wurde durch Ölkrisen und Umweltkatastrophen jäh gebremst. In diesem Kontext entstanden für die Nachhaltigkeitsdiskussion wichtige Publikationen wie »Die Grenzen des Wachstums«[2] des *Club of Rome* im Jahre 1972 und der Brundtland-Bericht »Unsere Gemeinsame Zukunft«[3] im Jahre 1987. Eine nachhaltige globale Entwicklung wurde hier als eine der obersten Handlungsmaximen entwickelt. Eine Folge daraus war, dass die Umweltpolitik national und global institutionalisiert wurde. Nutzung und Allokation der global begrenzten Ressourcen sind so zu gestalten, dass auch zukünftige Generationen ihre Bedürfnisse mit diesen Ressourcen befriedigen können (sogenannte »intergenerationelle Gerechtigkeit«). Zudem muss sichergestellt sein, dass alle heute lebenden Generationen einen fairen Teil der Ressourcen erhalten (sogenannte »intragenerationelle Gerechtigkeit«).

Seit der Definition von Nachhaltigkeit im Brundtland-Bericht hat sich, trotz der vielfältigen politischen Aktivitäten und Forschungsaktivitäten um diesen Begriff, keine neuere und präzisere Definition durchgesetzt.[4]

---

1 Carlowitz von, H. C.: Sylvicultura Oeconomica oder haußwirthliche Nachricht und Naturmäßige Anweisung zur wilden Baum-Zucht, Leipzig 1713.

2 Meadows, D. H./Meadows, G./Randers, J./Behrens, W.W.: The Limits to Growth, New York 1972.

3 UNWCED World Commission on Environment and Development: Our common future, Oxford 1987.

4 Gibson, R.: Beyond the Pillars: Sustainability Assessment as a Framework for Effective Integration of Social, Economic and Ecological Considerations in Significant Decision-Making, in: Journal of Environmental Assessment Policy and Management, Vol. 8, No. 3 (2006), S. 259–280.

Weitgehende Einigkeit besteht hingegen in der Annahme einer sogenannten »*Triple Bottom Line*« (TBL) der Nachhaltigkeit. Nachhaltige Entwicklung wird hier als eine Entwicklung verstanden, die sowohl soziale als auch wirtschaftliche und ökologische Belange einbezieht. Das Konzept der TBL besagt dabei nicht, ob bzw. welche der Dimensionen dabei im Vordergrund stehen soll. Auch der Grad der Substituierbarkeit ist nicht genauer definiert: Eine der großen Kontroversen im Nachhaltigkeitsdiskurs dreht sich um die Frage, ob in einer Nachhaltigkeitsdefinition die Natur als vollständig substituierbares Kapital angesehen werden kann und nur die Summe des künstlichen und natürlichen Kapitals erhalten werden muss (schwache Nachhaltigkeit), oder ob jede einzelne Komponente für sich erhalten und weiterentwickelt werden muss, da sie einen intrinsischen Wert besitzt (starke Nachhaltigkeit).[5] Neben diesen Diskussionen zur Substituierbarkeit und zur Gewichtung der TBL wird in der Nachhaltigkeitsforschung dafür plädiert, Nachhaltigkeit zu einem integrativen Konzept zu erweitern.[6] Für eine solche integrative Betrachtungsweise spricht, dass die Ziele der Nachhaltigkeit, wie Zukunftsverantwortung und Verteilungsgerechtigkeit, dimensionenübergreifend angelegt sind. Das Konzept der TBL greift daher nach Auffassung der Vertreter dieser Meinung zu kurz und muss durch ein System von zu erreichenden Aspekten ersetzt werden.

Die Ziele der Nachhaltigkeit sind so vielfältig wie ihre Definitionen. Einzuteilen sind die Akteure, die im Namen der Nachhaltigkeit agieren, in drei große Gruppen. In die Gruppe derer, die den Status Quo aufrechterhalten möchten, in die Gruppe derjenigen, die eine Reform des Status Quo als notwendig für eine nachhaltige Entwicklung erachten, und in diejenigen, die eine Entwicklung zu einer nachhaltigen Gesellschaft nur dann als möglich erachten, wenn eine gesellschaftliche Transformation eintritt.[7]

Auf der Umweltkonferenz der Vereinten Nationen in Rio de Janeiro im Jahre 1992 wurde das Verständnis von Nachhaltigkeit auf die globale politische Agenda gesetzt. Man war sich bereits damals einig, dass gelebte Nachhaltigkeit nur dann möglich ist, wenn alle politischen und gesellschaftlichen Ebenen sich daran beteiligen. In die kommunale Debatte um Nachhaltigkeit hat diese Auffassung in Form der Agenda 21 Einzug gefunden, auf die sich über 170 Staaten in Rio de Janeiro geeinigt hatten. Aber auch in der nationalen Politik fing man an, sich zu bewegen. Die deutsche Politik begann ab der Jahrtausendwende, das Thema »Nachhaltigkeit« häufi-

5 Egan-Krieger von, T. (Hg.): Die Greifswalder Theorie starker Nachhaltigkeit. Ausbau, Anwendung und Kritik. Marburg 2009.

6 Gibson (wie Anm. 4).

7 Hopwood, B./Mellor, M./O'Brien, G.: Sustainable Development: Mapping Different Approaches, in: Sustainable Development 13, 2005, S. 38–52.

ger zu erwähnen. Seit 2002 gibt es die Deutsche Nachhaltigkeitsstrategie[8], auf deren Basis alle Entscheidungen der *Bundesregierung* einer Nachhaltigkeitsprüfung unterzogen werden. In dieser Nachhaltigkeitsstrategie werden die Leitbilder, konkreten Ziele und Schwerpunkte der nachhaltigen Entwicklung genauer beschrieben. Um auch eine politische Steuerung zu ermöglichen, wurden insgesamt 21 Indikatoren festgelegt. Zu den Nachhaltigkeitsfortschritten publiziert die *Bundesregierung* regelmäßig Fortschrittsberichte.

Einen der sechs Schwerpunkte der deutschen Nachhaltigkeitsstrategie bildet eine zukunftsfähige Energiepolitik. Die Herausforderungen im Energiesektor werden wie folgt beschrieben:
1. Der globale Energieverbrauch basiert zum größten Teil auf endlichen fossilen Energieträgern.
2. Deutschland ist ein Netto-Energieimporteur: 60 % des Gesamtenergieverbrauchs wird importiert.
3. Energiebedingte Treibhausgasemissionen sind zu 70 % für den von Menschen verursachten Klimawandel verantwortlich.
4. Nur ein Drittel der Weltbevölkerung verbraucht 75 % der weltweiten Energie.

Aus diesen Tatsachen werden die Ziele der *Bundesregierung* für einen nachhaltigen Energiesektor abgeleitet. Die Steigerung der Energieeffizienz bei der Energieumwandlung und der Bereitstellung von Energiedienstleistungen sowie der Ausbau erneuerbarer Energien wurden bereits 2002 als Doppelstrategie genannt, um das Energiesystem zukunftsfähig zu gestalten. Ebenso wurde bereits damals festgelegt, dass es für Kernenergie in einem nachhaltigen Energiesystem künftig keinen Platz mehr geben kann. 2007 wurde eine weitere Konkretisierung dieser Doppelstrategie mit der Festlegung der »Meseberger Beschlüsse« vorgenommen. Das integrierte Energie- und Klimaprogramm[9] beschreibt 29 Maßnahmen, die diese Doppelstrategie mit Leben füllen. Des Weiteren verabschiedete die *Bundesregierung* im Jahr 2010 das Energiekonzept[10], in dem sie sich zu einer zuverlässigen wirtschaftlichen und umweltschonenden Energieversorgung bekennt. 2011, nach den Unfällen in dem japanischen Kernkraftwerk Fukushima Daiichi, wurde darüber hinaus ein schneller Ausstieg aus der Kernenergie beschlossen. Seit einigen Jahren wird dieses Konstrukt aus Absichtserklärungen, Gesetzen und Maßnahmen immer häufiger »die Energiewende« genannt.

---

8 Bundesregierung: Perspektiven für Deutschland. Unsere Strategie für eine nachhaltige Entwicklung. Publiziert auf http://www.bundesregierung.de/Content/DE/_Anlagen/Nachhaltigkeit-wiederhergestellt/perspektiven-fuer-deutschland-langfassung.pdf (letzter Aufruf: 03.03.2014).

9 Bundesministerium für Wirtschaft und Technologie (BMWi): Eckpunkte für ein integriertes Energie- und Klimaprogramm. IEKP. Die Meseberger Beschlüsse, Leipzig 2007.

10 Bundesministerium für Umwelt, Naturschutz und Reaktorsicherheit (BMU) und Bundesministerium für Wirtschaft und Technologie (BMWi): Energiekonzept, Berlin 2010.

Um den vielen neuen Herausforderungen, die sich aus der Energiewende ergeben, erfolgreich begegnen zu können, müssen zahlreiche Ansätze auf ihre Machbarkeit hin überprüft werden. In diesem Umfeld ist auch das Rahmenprogramm »Forschung für nachhaltige Entwicklungen« (FONA) des *Bundesministeriums für Bildung und Forschung* zu sehen. Dieses fördert Vorhaben, die den gesamten Forschungsprozess von den Grundlagen bis zur Anwendung durchlaufen, wie beispielsweise die Projekte des Wettbewerbs »Energieeffiziente Stadt«, auf welche später vertiefend eingegangen werden soll.

Forschungsbedarf für eine nachhaltige Energiewende

Die Fragestellungen, die sich aus der Herausforderung der Energiewende für die Forschung ergeben, sind vielschichtig und eng miteinander verwoben. In der Vergangenheit war die energiewirtschaftliche Forschung wie auch die monopolisierte Energiewirtschaft überwiegend von einer rein techno-ökonomischen Denkweise geprägt. Diese wird den neuen Herausforderungen nicht gerecht. Mit der Liberalisierung des Marktes und der Dezentralisierung der Versorgungssysteme durch erneuerbare Energien setzt sich zunehmend die Erkenntnis durch, dass der Mensch in diesem Themenkomplex stärker mitgedacht werden muss. Dieser positioniert sich als Bürger zu geplanten Großprojekten und stellt deren Legitimität zur Diskussion, wie es z. B. beim Netzausbau der Fall ist. Als Kunde stellt er Ansprüche an den Stromlieferanten, wie z. B. die Einhaltung von Umweltstandards. Als Produzent, wie z. B. durch das Betreiben einer Photovoltaikanlage auf dem Hausdach, nimmt er eine neue Rolle im Akteursgeflecht der Energiewirtschaft ein. Schließlich nimmt der Mensch als Konsument der Energiedienstleistung eine Schlüsselrolle ein. Hierbei sind z. B. die Stichworte »Lastmanagement« (z. B. durch *Smart Meter*) und »Energieeffizienz durch energetische Gebäudesanierung« zu nennen. Auf diese soll im Folgenden konkreter eingegangen werden.

Im Rahmen des Energiekonzepts der *Bundesregierung* ist geplant, bis 2020 80 % der Endenergie im Gebäudebereich einzusparen.[11] Ein wichtiger Faktor für die Zielerreichung ist die energetische Gebäudesanierung. Ein Indikator hierfür ist die Sanierungsquote. Diese ist in Deutschland zu niedrig, um die geplanten Ziele 2020 zu erreichen. Neben monetären und teilweise u. a. im Altbau vorhandenen technischen Hemmnissen gibt es für viele Eigenheimbesitzer »weichere« Hindernisse für eine

11 Bundesministerium für Umwelt, Naturschutz und Reaktorsicherheit (BMU): Energiekonzept 2050 – Meilensteine und Bewertungen, 2013.

energetische Sanierung, die es zu erkennen und zu beheben gilt. Beispiele sind hier Informationsdefizite oder mangelndes Problembewusstsein.

Neben den Herausforderungen auf Gebäudeebene sind auch auf Stadtebene komplexe Herausforderungen für die technische, ökonomische und ökologische Optimierung der Energiesysteme zu finden. Ein Beispiel ist das Zusammenspiel der energetischen Gebäudesanierung mit den vor Ort vorhandenen Leitungssystemen, wie beispielsweise Fernwärmenetze. So kann eine nicht-systemisch angegangene energetische Sanierung eines Quartiers im schlechtesten Fall dazu führen, dass es in den vorhandenen Fernwärmeleitungen zu hohen Effizienzverlusten kommt, die den positiven Effekt der Gebäudesanierung aufheben. In der Energieeffizienzforschung für den Lebensraum »Stadt« bedeutet das, dass es nicht ausreicht, das Gebäude als isolierten Bereich zu betrachten. Eine Abbildung der tatsächlichen Gegebenheiten und damit eine tatsächliche Optimierung des Systems ist nur dann möglich, wenn das Gebäude als Teil eines größeren, ineinander verwobenen Gesamtsystems betrachtet wird. Diese Erkenntnis findet Ausdruck im Quartiersansatz.

Um das System »Stadt« mit seinen Bewohnern besser verstehen zu können, ist es daher auch hier nicht ausreichend, eine rein techno-ökomische Optimierung umzusetzen. Vielmehr müssen die Bewohner als zentrale Akteure bei der Planung und praktischen Umsetzung mitgedacht werden. Denn diese beeinflussen z. B. die Struktur der Stadt durch ihr Umzugsverhalten. Als Gebäudeeigentümer sind sie die zentralen Entscheidungsträger für eine energetische Gebäudesanierung der Bestandsgebäude.

Diese miteinander vernetzten Fragestellungen und Wechselwirkungen können nur durch einen interdisziplinären Forschungsansatz beantwortet werden, der es ermöglicht, die Stadt als System zu begreifen. Unterstützt wird die sozio-techno-ökonomische Modellierung mittels Computertechnologie. Diese erlaubt es der Forschung, die verschiedenen Ebenen miteinander zu verknüpfen und in Beziehung zu setzen, um Wechselwirkungen zu erforschen und Prognosen zu erstellen.

Eine Vielzahl von Forschungsgruppen arbeitet interdisziplinär und systemisch zum Thema »Integrierte energetische Stadtentwicklung«. Das System »Stadt« wird von nur wenigen Gruppen mittels Computertechnologie in einem sozio-techno-ökonomischen Modell umgesetzt, z. B. dem des *Instituts für Infrastruktur und Ressourcenmanagement* der *Universität Leipzig*. Im Rahmen des Projekts »ISIS« entwickeln Forscher des *Karlsruher Instituts für Technologie* (KIT) in Kooperation mit Partnern ein neuartiges Informationsmodell als Planungshilfsmittel für die energieeffiziente Stadtentwicklung.[12]

Voraussetzung für die nachhaltige Beantwortung systemischer Fragestellungen sind Kompetenzen auf mehreren Ebenen. So ist Sachverständnis für technische,

---

12 Projekthomepage des KITs: http://blm.ieb.kit.edu/763.php (letzter Aufruf 20.09.2013).

ökonomische und sozialwissenschaftliche Fragestellungen unabdingbar. Das *Institut für Infrastruktur und Ressourcenmanagement* (IIRM) der *Universität Leipzig* verfolgt vor dem Hintergrund der hier geforderten Interdisziplinarität einen in der Region Mitteldeutschland bisher einzigartigen integrierten Ansatz, der sämtliche Aspekte eines nachhaltigen Ressourcenmanagements (Energie/Wasser/Fläche/Abfall) gleichermaßen umfasst, und so eine Brückenfunktion zwischen den umweltwissenschaftlichen Forschungsinstitutionen der Region und den umweltpolitischen bzw. energiewirtschaftlichen Entscheidungsträgern wahrnimmt. Das IIRM versteht sich als Ansprechpartner für alle, die auf betrieblicher, kommunaler, nationaler und internationaler Ebene anwendungsorientierte und umsetzbare Lösungen für integrierte Infrastrukturprobleme suchen. Spezielle Themen des Instituts sind die Wechselwirkungen der Infrastrukturbereitstellung mit wirtschaftlichen und demografischen Entwicklungen. Im IIRM werden aus den Erkenntnissen Instrumente und Ansätze abgeleitet, die als Planungshilfen dienen.

Ein weiteres, übergeordnetes Thema im IIRM ist die nachhaltige Bewirtschaftung von Umweltressourcen wie Wasser, Boden, Fläche und Energie in unterschiedlichen institutionellen und branchenspezifischen Umgebungen. Für den Bereich der Energiesysteme wird dieses Thema auf globaler Ebene im Rahmen der Mitarbeit von Prof. Dr. Thomas Bruckner beim *Zwischenstaatlichen Sachverständigenrat für Klimaänderungen* (auch *Weltklimarat* genannt), dem *Intergovernmental Panel of Climate Change* (IPCC) bearbeitet. Dieser veröffentlicht in regelmäßigen Abständen einen Sachstandsbericht, der den Stand der Forschung zum globalen Klimawandel zusammenfasst. Für den fünften Sachstandsbericht der dritten Arbeitsgruppe (*Mitigation*) ist Bruckner koordinierender und leitender Autor des Kapitels »*Energy Systems*«.

Auf Grundlage des zusammengetragenen Materials, seiner Auswertung und Gegenüberstellung wird vom IPCC eine Kurzfassung für politische Entscheidungsträger, die *Summary for Policymakers* erstellt. Diese soll es den Entscheidungsträgern ermöglichen, Abkommen und Entscheidungen für die Lösung des globalen Allmende-Problems und dem daraus resultierenden Klimawandel mit all seinen Konsequenzen zu treffen.

Nicht nur auf Ebene globaler Entscheidungen, die in der Regel mit einer gewissen Trägheit einhergehen, sondern auch auf nationaler, regionaler, kommunaler und privater Ebene sind Aktivitäten unabdinglich. Städte, Kommunen, Unternehmen und Privatpersonen sind, was ihre Umsetzungsmaßnahmen anbelangt, oft agiler und entscheidungsfreudiger. So gibt es beispielsweise in Deutschland bereits heute 130 Landkreise, Gemeinden, Regionalverbünde und Städte, die das Ziel verfolgen, sich bilanziell zu 100 % mit erneuerbaren Energien zu versorgen.[13]

13 Homepage der Initiative: http://www.100-ee.de/ (letzter Aufruf 20.09.2013).

Um die die Spielräume von Städten optimal zu nutzen, bedarf es einer integrierten Forschung auf dieser kommunalen Ebene. Daher wurde vom *Bundesministerium für Bildung und Forschung* (BMBF) die Forschungsinitiative »Energieeffiziente Stadt« ausgerufen. Diese Initiative ist Teil der *Forschung für Nachhaltigkeit* (FONA). Im Zuge dessen wird am IIRM auch gemeinsam mit den kommunalen Partnern geforscht. Im Folgenden soll das Projekt »Energieeffiziente Stadt« und im Besonderen das Teilprojekt »Gemeinsam auf dem Weg in die energieeffiziente urbane Moderne – Einrichtung eines akteursorientierten Energiemanagementsystems in Delitzsch« vorgestellt werden.[14]

Abb. 1: Unterzeichnung der Kooperationsvereinbarung zwischen der Stadt Delitzsch und der Universität Leipzig im Beisein des Staatsministers für Umwelt und Landwirtschaft, Frank Kupfer, 17.08.2011 (Foto: Nadine Fuchs, Stadt Delitzsch).

14 Wilde, Manfred/Rieck, Andreas: Delitzsch: Einführung eines kommunalen Energiemanagements. In: Klimaschutz trotz knapper Kasse. Ein Handbuch für die Kommunalverwaltung. Herausgegeben im Auftrag des Bundesministerium für Umwelt, Naturschutz und Reaktorsicherheit. Berlin/Dessau 2013, S. 52–53.

Forschung für kommunale Nachhaltigkeit im Energiesektor: Das BMBF-Projekt »Energieeffiziente Stadt«

Der Wettbewerb »Energieeffiziente Stadt« wurde vom *Bundesministeriums für Bildung und Forschung* (BMBF) ausgerufen. Ziel ist es, im Rahmen des Wettbewerbs Forschungsprojekte zu fördern, die dazu führen, die Energieeffizienz in Städten und Kommunen zu steigern. Ausgerichtet an den Klimaschutzzielen der *Bundesregierung* und den jeweiligen kommunalen Strukturen und Funktionen werden in den Projekten zukunftsweisende Ideen entwickelt und umgesetzt, bei denen das System »Stadt« als Ganzes berücksichtigt wird. Eine Schlüsselrolle in den Projekten nehmen Umsetzungsansätze ein, bei denen Innovationen mit der Schaffung neuer Dienstleistungen einhergehen. Die Projekte im Wettbewerb haben aus diesem Grundgedanken der Verbindung von Theorie und Praxis heraus daher sowohl eine wissenschaftliche als auch eine operative Ebene. In dieser Form wird Handlungswissen für die kommunale Praxis bereitgestellt und Innovation in Wirtschaft und Gesellschaft vorangetrieben. Im September 2010 benannte die damalige Bundesministerin Annette Schavan auf Empfehlung einer Expertenkommission fünf Städte als Gewinner des Bundeswettbewerbs. Aus den 72 Bewerbern hatte man Delitzsch, Essen, Magdeburg, Stuttgart und Wolfhagen ausgewählt und im Juni 2011 als Sieger gekürt. Diese Kommunen sollen ihre Projekte bis 2016 umsetzen.[15]

Das Gewinnerprojekt »Gemeinsam auf dem Weg in die energieeffiziente urbane Moderne – Einrichtung eines akteursorientierten Energiemanagementsystems in Delitzsch« wird gemeinsam mit der Stadt Delitzsch umgesetzt und vom IIRM geleitet. In dem Projekt werden mehrere Bausteine zu einem Gesamtkonzept zusammengefasst. Zu nennen sind:

- Erarbeitung einer Energie- und Klimabilanz der Stadt Delitzsch
- Darstellung der sozio-ökonomischen Entwicklungsperspektiven der Stadt Delitzsch
- Entwicklung von Technologieoptionen, um eine Minderung der CO2-Emissionen und eine Erhöhung der Energieeffizienz zu erreichen

Im Rahmen einer Modellierung des gesamten städtischen Energieversorgungssystems werden Entwicklungspfade für die Stadt Delitzsch generiert. Dabei werden sowohl die Ergebnisse der sozio-ökonomischen als auch der technisch-energetischen Analyse in die Modellierung einfließen, die Stadt wird so als großes sozio-technisches System begriffen. Im Rahmen einer Bewertung der unterschiedlichen Entwicklungspfade

15 BMBF Wettbewerbs-Homepage: https://www.wettbewerb-energieeffiziente-stadt.de/ (letzter Aufruf 20.09.2013).

durch die lokalen Akteure werden diese in die Entwicklung einer Umsetzungskonzeption integriert.

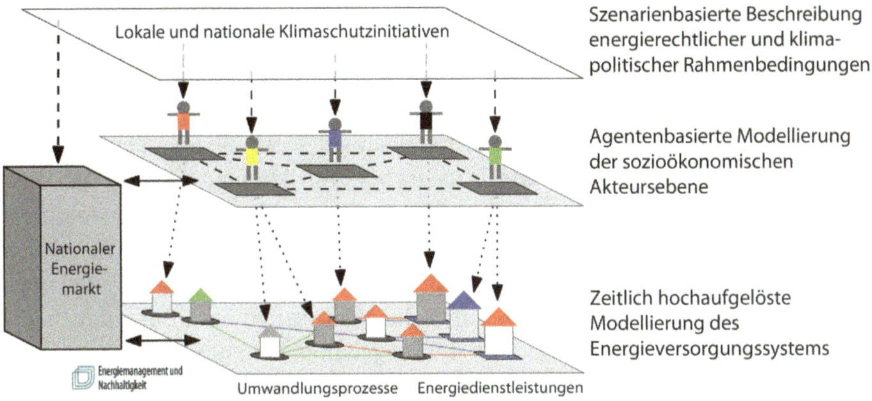

Abb. 2: Aufbau des akteursorientierten Energiemanagementsystems (Grafik: Universität Leipzig, Wirtschaftswissenschaftliche Fakultät, Institut für Infrastruktur und Ressourcenmanagement).

Ziel des Projekts ist es, ein auf die Bürger und auf kommunalen Unternehmen bezogenes – akteursorientiertes – Energiemanagementsystem (vgl. Abb. 2)[16] zu erarbeiten. Dieses wird durch folgende Hauptbestandteile erstellt und umgesetzt:

- Explorative (wissenschaftliche) Ebene
- Energieeffizienzmanager als Partner vor Ort
- Monitoring des Projekts durch externe Partner
- Netzwerkaufbau mit weiteren Kommunen durch die Forschungsstelle Kommunale Energiewirtschaft der Universität Leipzig

Somit wird in der Stadt Delitzsch mit dem Projekt »Energieeffiziente Stadt« ein sowohl praktisches als auch wissenschaftliches Projekt umgesetzt. Das Gesamtziel des Projekts, die Energieeffizienz in der Stadt zu steigern, wird durch eine verbesserte Wärmedämmung der Gebäude, durch effiziente dezentrale Heiztechnologien sowie ggf. durch den Ausbau des Nah- und Fernwärmenetzes erreicht.

Planerische Grundlage für diese Umsetzungsmaßnahmen ist das Energiemanagementsystem, das optimale Pfade für die Stadt aufzeigt. Eine gezielte Ansprache der Gebäudebesitzer erfolgt über akteursorientierte Maßnahmen, die auf die Präferenzen der jeweiligen Lebensstile abgestimmt sind. Dabei konzentriert man sich auf »schrumpfende und alternde Städte und Gemeinden mit hoher Abwanderung in den neuen Bundesländern«, wobei der Nachweis der Verallgemeinerungsfähigkeit angestrebt wird. Zu diesem Zweck bietet die *Forschungsstelle Kommunale Energiewirt-*

16 In Anlehnung an Gröger, Koepke, Bruckner, 2013.

schaft regelmäßig Weiterbildungs- und Vernetzungsworkshops für interessierte Kommunen an.[17]

Das Projekt »Gemeinsam auf dem Weg in die energieeffiziente urbane Moderne – Einrichtung eines akteursorientierten Energiemanagementsystems in Delitzsch« berücksichtigt im Sinne der »*Triple Bottom Line*« alle drei Dimensionen von Nachhaltigkeit. Aspekte, die zu einer nachhaltigeren Gesellschaft führen, werden dabei integrativ vernetzt.

Die ökonomische und ökologische Nachhaltigkeit der Modellergebnisse wird durch eine Kostenoptimierung unter Klimaschutzrestriktionen erreicht. Auf diese Weise soll die Frage beantwortet werden, wie ein vorgegebener ökologischer Nutzen durch effiziente Stadtentwicklung bei minimalem Einsatz monetärer Ressourcen geleistet werden kann. Auch die soziale Komponente der Nachhaltigkeit wird abgedeckt: Die Modellergebnisse werden durch die akteursorientierte Bürgeransprache operativ auf Stadtebene umgesetzt. Der Systemgedanke wird durch integrative Vernetzung mithilfe von Computertechnologien umgesetzt.

Das Projekt verfolgt auf diese Weise das übergeordnete Ziel einer optimalen intra- und intergenerationellen Ressourcenallokation und der Vermeidung von Klimafolgen auf globaler Ebene. Es positioniert sich somit als Forschungsprojekt für eine (lokal und global) nachhaltige Entwicklung der kommunalen Energiesysteme.

Fazit

Städte sind von besonderer Bedeutung bei der Entwicklung hin zu einer nachhaltigen Gesellschaft. Sie haben die Möglichkeit, sich eigene Ziele zu setzen und diese unmittelbar vor Ort in einem bekannten Umfeld unter bekannten Voraussetzungen umzusetzen. Der 300-jährige Begriff »Nachhaltigkeit« ist zwar bis heute nicht abschließend definiert, doch wurden durch die *Bundesregierung* nationale Ziele für eine nachhaltige Entwicklung formuliert. Eine Entwicklung der Städte in Richtung Zielerreichung muss nach Möglichkeit durch integrierte Forschungsprojekte begleitet werden, vor allem dann, wenn es sich um komplexe Herausforderungen in Sektoren wie dem Energiesektor handelt. Wege, wie die gesteckten Ziele tatsächlich erreicht werden können, werden heute durch verschiedene interdisziplinäre und integrativ angelegte Forschungsprojekte aufgezeigt. Da im Rahmen dieser Forschungsprojekte unterschiedliche Perspektiven berücksichtigt werden, besteht die Möglichkeit, unentdeckte Dilemmata, aber auch neue Lösungsansätze im Kontext zu identifizieren. Die anwendungsorientierte Forschung ist darauf ausgerichtet, die Forschungsergebnisse sofort im Feld zu erproben. Dieser Praxistest soll die direkte

17 Bruckner, T.; M. Gröger; V. Schmid; A. Bleicher; C. Gleiche; S. Geyler; A. Rieck; J. Otto; M. Denef; G. Schröder; I. Erfurt: Abschlussbericht zum Gesamtprojekt, Leipzig 2010.

Nachhaltigkeit der Forschung im Sinne einer Weiterführbarkeit sicherstellen. Besonders im Energiesektor sind viele dieser Projekte, wie die Projekte des Wettbewerbs »Energieeffiziente Stadt«, derzeit noch in der Durchführungsphase, sodass daraus in den kommenden Jahren Ergebnisse abgeleitet werden können.

Manfred Wilde

Nachhaltige kommunalpolitische Handlungsstrategie

Eine zukunftsorientierte integrierte Stadtentwicklungspolitik erwächst aus dem strukturellen Wandel in den kommunalen Gebietskörperschaften. In Deutschland zeichnete sich bereits seit den 1970er Jahren ein Strukturwandel ab. Nach Jahrzehnten ungebrochenen Wachstums sah man sich mit Entwicklungen konfrontiert, die man glaubte, bald wieder überwinden zu können: Endlichkeit energetischer Ressourcen, Globalisierung, demografischer Wandel, ungenügende Wettbewerbsfähigkeit des Steinkohlenbergbaus und der Montanindustrie sowie Industrialisierung in der Landwirtschaft. In den ausgehenden 1990er Jahren fanden erstmals in Mecklenburg, Sachsen-Anhalt und Brandenburg sowie in Teilen Sachsens, Thüringens, Bayerns, Hessens, Niedersachsens und Nordrhein-Westfalens Entwicklungen statt, die einen aktiven Stadtumbau notwendig machten. Diese Prozesse erfuhren mit der weiteren Schließung von Militärstandorten der *Bundeswehr* und ihrer Bündnispartner eine weitere Bedeutungszunahme. Erfuhren nach 2000 die großstädtischen Ballungsräume Hamburg, München, Frankfurt am Main, Berlin/Potsdam und in Teilen Leipzig, Dresden und Erfurt einen weiteren städtebaulichen Aufschwung, wurde zugleich deutlich, dass bestimmte Regionen von Siedlungsregression, Einwohnerrückgang und einer überalternden Bevölkerung betroffen waren und sind. Damit gingen und gehen allzu oft ein Rückgang der erzielbaren Immobilienpreise, ein sich aus der Fläche zurückziehender Einzelhandel und Stagnation beim Erhalt oder dem Ausbau der Infrastruktur einher.

Die Stadt Delitzsch befindet sich in diesem Spannungsfeld von städtebaulichem Wandel und demografischer Veränderung. Am Beispiel dieser Kommune werden proaktive Handlungsspielräume beispielhaft nachvollziehbar. Im Prozess jahrzehntelangen Strukturwandels nimmt der Zeitraum seit etwa 2009 eine besondere Bedeutung ein, als nachhaltiges Handeln kommunalpolitischer Entscheidungsträger eine neue Ausrichtung bekam. Auf eine Phase der De-Industrialisierung zu Beginn der 1990er Jahre folgte zunächst eher unstrukturiert eine Frühphase raumordnerischer Überlegungen. Das später als Mittelzentrum definierte Stadtgebiet von Delitzsch erfuhr mit den Eingemeindungen von Benndorf 1994, Laue und Spröda mit Poßdorf 1997, Schenkenberg mit Rödgen und Storkwitz 1997 und Döbernitz mit Beerendorf, Selben und Zschepen 2003 etwa eine Verdoppelung der Gemeindefläche. Damit gehören neben der Kernstadt heute 13 Ortsteile mit einer ursprünglich dörflichen Siedlungsstruktur zur städtischen Verwaltungseinheit, die sich um die urbane Mitte gruppieren. Damit waren die Voraussetzungen gegeben, einen planerischen Gesamtansatz zu verfolgen. Im Ergebnis verfügt die Stadt seit 2004 über einen rechtskräftigen Flächennutzungsplan.

Der von der Stadt Delitzsch bisher zurückgelegte Weg im Sinne nachhaltigen Handelns war von einem langen Diskussionsprozess begleitet und verlief nicht ohne Fehlschläge. Verwaltungshandeln und politische Entscheidungsfindungsprozesse unterlagen und unterliegen äußeren Einflüssen, traditionellen Gewohnheiten – manchmal einhergehend mit Äußerungen, wie »das haben wir schon immer so gemacht und es hat immer tadellos funktioniert«. Basierend auf diesen Erkenntnissen und aufgrund der äußeren Rahmenbedingungen ergaben sich notwendigerweise Fragestellungen, die nur von der Stadt und ihrer Einwohnerschaft beantwortet werden konnten. Dies bedeutete, neue Wege zu beschreiten, erstmals Leitbilder zu entwickeln und diese letztlich auch konsequent zu verfolgen. In diesem Zusammenhang nahm 2005 erstmals der Arbeitskreis »Stadtmarketing« seine Arbeit auf. Am 20. September 2006 verabschiedete der Stadtrat einstimmig das in mehrere Handlungsfelder gegliederte Leitbild der Großen Kreisstadt Delitzsch »Delitzsch 2015 – Stadt im Wandel«.[1] Zu den Schwerpunkten gehören die Themen:

1. Standortentwicklung und Wirtschaft mit der Leitlinie *»Delitzsch ist ein wirtschaftlich stabiler Standort, der für Unternehmen und Investoren reizvoll ist.«*
2. Stadtentwicklung, Verkehr und Infrastruktur mit der Leitlinie *»Delitzsch hat eine lebendige Innenstadt und ist attraktiver Lebensraum für Familien mit Kindern.«*
3. Bildung, Sport und Soziales mit der Leitlinie *»Delitzsch ist ein attraktiver Schulstandort – Bildung hat ein hohes soziales Prestige.«*
4. Wohnen und Lebensqualität mit der Leitlinie *»Delitzsch ist ein Wohnstandort mit hoher Lebensqualität.«*
5. Kultur, Freizeit und Tourismus mit der Leitlinie *»Das Bestehen der kulturellen Einrichtungen ist langfristig gesichert – Delitzsch ist eine gastfreundliche Stadt.«*
6. Verwaltung mit der Leitlinie *»Delitzsch hat eine unternehmens- und bürgerfreundliche Verwaltung.«*
7. Image und Kommunikation mit der Leitlinie *»Delitzsch hat ein positives Image nach Innen und Außen.«*.

Die einzelnen Themenfelder sind inhaltlich ausdifferenziert, sie verdeutlichen damit die strategische Auseinandersetzung und Ausrichtung für einen Zeitraum von etwa zehn Jahren. Aus dieser Ausrichtung heraus, die man sich selbst für die Stadtentwicklung gegeben hat, ergibt sich ein Bündel von Aufgabenstellungen. Als vorrangig betrachtet wird die Ausrichtung der Stadt als attraktiver Wohnstandort für Familien, Senioren und Berufspendler, um damit dem demografischen Wandel entgegenzuwirken. Weiter heißt es im Leitbild, die Vision, Delitzsch zu einem wichtigen Wirtschaftsstandort der Region mit zunehmenden Arbeitsplätzen für die verschieden qualifizierten Arbeitskräfte zu entwickeln, ist umzusetzen. Durch einen effizienten

1 Stadtratsbeschluss der Stadt Delitzsch Nr. 132/2006.

Umgang mit Energie und Ressourcen sowie den verstärkten Einsatz erneuerbarer Energien will die Stadt einen Beitrag zu einer nachhaltigen Energiepolitik, zum Klimaschutz und somit zu einer zukunftsverträglichen Entwicklung unserer Gesellschaft leisten. Im Wettbewerb mit anderen vergleichbaren Städten des mitteldeutschen Raums ist die Stadt sehr gut aufgestellt. Die Altstadtsanierung wird in wenigen Jahren abgeschlossen sein. Das kulturelle Zentrum »Barockschloss« stärkt auch wirtschaftlich die Altstadt mit ihren gastronomischen Einrichtungen. Stadtmarketing 2015 in Delitzsch versteht sich als ganzheitlicher Denkansatz, in dem ökonomische und soziale Aspekte der Stadtentwicklung als Einheit verstanden werden. Wichtigste Voraussetzung hierfür ist, die Einwohner der Stadt für die Ziele zu begeistern und sie aktiv in den Stadtmarketingprozess einzubeziehen. Das Leitbild bis zum Jahre 2015 bildet als Teil des integrierten Stadtmarketings ein visionäres wie auch verbindliches Handlungsinstrumentarium, welches von engagierten Bürgern und der Wirtschaft mitgetragen werden soll.[2]

Steigende Energiepreise und die sich abzeichnende Stagnation in der kommunalen Entwicklung machten es erforderlich, einen übergreifenden interkommunalen Erfahrungsaustausch aufzugreifen und diesen letztlich auch für den politischen Raum anzuregen. Einen wichtigen Partner dafür gewann die Stadt 2005 mit der *Kommunalentwicklung Mitteldeutschland GmbH* (KEM) in Dresden. Die Vorarbeiten mündeten 2006 in einem Beschluss des Stadtrats der Stadt Delitzsch[3], sich am Zertifizierungsverfahren *European Energy Award®* zu beteiligen. Damit waren erstmals Grundlagen für eine vernetzte Zusammenarbeit mit Fachberatern auf nationaler und internationaler Ebene gegeben. Für die Arbeit vor Ort nahm ein »Energieteam«, bestehend aus Fachkräften der *Technischen Werke Delitzsch GmbH*, der *Kommunalentwicklung Mitteldeutschland GmbH*, der *Wohnungsgesellschaft der Stadt Delitzsch*, der *Wohnungsbaugenossenschaft*, einem Vertreter des Stadtrats, einem Mitarbeiter der Stadtverwaltung aus dem technischen Bereich und des Gebäudeliegenschaftsmanagements, seine Arbeit auf. Damit wurde erstmals die hierarchische Struktur einer öffentlichen Verwaltung durchbrochen und eine »Denkfabrik« einberufen, deren Mitglieder mehrfach im Jahr Zielstellungen erarbeitet sowie Arbeitsprozesse definiert und umgesetzt haben. Das »Energiepolitische Arbeitsprogramm der Stadt Delitzsch« wurde dem Stadtrat schließlich als Beschlussvorlage vorgelegt, der am 22. März 2012 einstimmig dafür votierte.[4]

Zu einer integrierten Stadtentwicklungspolitik gehört darüber hinaus ein ganzheitlicher Ansatz, der – wenn man Erfolg haben möchte – zwingend städtebauliche und soziale Kriterien beinhalten sollte. Die sich seit 1990 vollziehenden wirtschaftlichen und gesellschaftlichen Veränderungsprozesse in den neuen Bundesländern, und damit

---

2 Auszug aus dem Leitbild der Großen Kreisstadt Delitzsch »Delitzsch 2015 – Stadt im Wandel« von 2006.

3 Stadtratsbeschluss der Stadt Delitzsch Nr. 01/2006.

4 Stadtratsbeschluss der Stadt Delitzsch Nr. 54/2012.

auch in Delitzsch, galt es immer wieder zu hinterfragen. Einiges von dem, was man sich noch bis 1995 perspektivisch vorzustellen glaubte, war in der Zwischenzeit aufgrund des demografischen Wandels und der wirtschaftlichen Anpassungsprozesse überholt. So sah man sich um die Jahrtausendwende in einer Konsolidierungsphase gezwungen, den sich vollziehenden Wandel strukturiert anzugehen – ein Weg, der bis zu den politischen Beschlussfassungen Jahre in Anspruch nehmen sollte. Den Ausgangspunkt dafür bildete ein Beschluss der Stadtratssitzung vom 31. Mai 2001, aufgrund dessen man eine aus Vertretern des Stadtrats, der Verwaltung, der Wohnungsgesellschaften und des Sanierungsträgers bestehende Arbeitsgruppe für die Erarbeitung eines integrierten Stadtentwicklungskonzepts bestimmte. Mit dem zunehmendem Wohnungsleerstand in den Plattenwohnbaugebieten Delitzsch-Nord und -West hatte sich auch eine soziale Schieflage herauskristallisiert, die mit Spannungen einherging. In diesen Wohngebieten waren in den 1990er Jahren zahlreiche Spätaussiedler untergebracht worden. Zudem war es im Umfeld des dortigen Jugendhauses zu politischen Spannungen gekommen. Es bestand dringender Handlungsbedarf. Mit einem konzertierten Planungsansatz, der am 14. August 2001 verabschiedet wurde und der die Benennung von Entwicklungszielen und die Diskussion erster geplanter Rückbaumaßnahmen zum Inhalt hatte, konnte bis Oktober 2001 der Durchbruch erreicht werden. Eine Grundvoraussetzung bildete die Altschuldenregulierung für die Wohnungsunternehmen. Schließlich konnte darauf basierend eine erste Rückbaugenehmigung erreicht werden. Der Bedeutung des notwendigen Stadtumbaus Rechnung tragend, referierte ein Vertreter des *Sächsischen Staatsministeriums des Innern* am 22. November 2001 vor den Stadträten. Die daraufhin erstellten Antragsunterlagen führten am 5. Februar 2002 zur Erlangung eines Zuwendungsbescheids für das Förderprogramm »Stadtumbau Ost«. Damit gehörte die Stadt Delitzsch zu den ersten Städten im Freistaat Sachsen, die dieses Programm anwenden konnten. Zum gleichen Zeitpunkt wurde die Erarbeitung eines ersten Teils des integrierten Stadtentwicklungskonzepts in Auftrag gegeben und die Stadt beschloss, am Bundeswettbewerb »Stadtumbau Ost« teilzunehmen. 2003 erfolgte ein kontrollierter Rückbau von Wohnblöcken im Stadtteil Nord, 2004 wurde die Struktur- und Rahmenplanung für den Stadtteil Ost erarbeitet, 2006 wurden die Versorgungsträger für Elektroenergie, Gas, Wasser und Abwasser einbezogen und schließlich fand 2007 die Schulnetzplanung Berücksichtigung. Im Ergebnis konnte diese Arbeit nur durch eine aktive Netzwerkarbeit unter der Mitwirkung von Stadträten, der Bevölkerung, Ingenieur- und Planungsbüros, dem Innenministerium des Freistaats, den Fachämtern der Stadtverwaltung, der Wohnungsunternehmen und der Ver- und Entsorgungsträger geleistet werden. Eine wichtige Rolle nahmen dabei der Bauausschuss bzw. Technische Ausschuss und der Stadtrat ein, denn mit der Entsendung politischer Akteure war eine breite Basis geschaffen.[5]

5 Stadtverwaltung Delitzsch, Bauplanungsamt, Akte Städtebauliches Entwicklungskonzept 2009.

Die vorgenannten Teilaspekte wurden im Ergebnis richtungsweisend im *Städtebaulichen Entwicklungskonzept* (SEKO) gebündelt, welches sich die Stadt Delitzsch nach umfassender Debatte in den Ausschüssen am 26. Februar 2009 in der Öffentlichen Stadtratssitzung gab.[6] Damit fand in einem über achtjährigen Arbeits- und Diskussionsprozess erstmals eine Beschlussfassung statt, wodurch man die Weichen für die künftige Stadtentwicklung neu stellte.

Abb. 1: Stadtratssitzung 2008 (Foto: Stadt Delitzsch).

Mit der konkreten Umsetzung des Stadtumbauprogramms und des *Städtebaulichen Entwicklungskonzepts* stellte sich bald die erste Entspannung in den Wohngebieten Nord und West ein. Ein nicht mehr benötigtes Schulgebäude wurde nach einem Teilrückbau zum *Beruflichen Informations- und Bildungszentrum* umgebaut und in Delitzsch-Nord entstand ein soziokulturelles Zentrum mit einem Mehrgenerationenhaus. Mit dem Jugendhaus *YOZ – Youth only Zone* in der Sachsenstraße besteht heute eine weit über die Stadtgrenzen hinaus wirkende Einrichtung, die neben Klub- und Kulturräumen über eine große Skateranlage für Kinder und Jugendliche verfügt.

Diese gleich in mehrfacher Hinsicht relevanten städtebaulichen und sozialen Aspekte bilden integrale Bestandteile des *Städtebaulichen Entwicklungskonzepts*, welches sich in Form von Einzelkapiteln in verschiedene Themen gliedert: 1. Allgemeine Angaben, 2. Gesamtstädtische Situation, 3. Demografische Entwicklung, 4. Fachkonzepte,

6 Stadtratsbeschluss der Stadt Delitzsch Nr. 7/2009.

4.1 Städtebau und Denkmalpflege, 4.2 Wohnen, 4.3 Wirtschaft, Arbeitsmarkt, Handel und Tourismus, 4.4 Verkehr und technische Infrastruktur, 4.5 Umwelt, 4.6 Kultur und Sport, 4.7 Bildung und Erziehung, 4.8 Soziales, 4.9 Finanzen, 5. Gesamtkonzept und Umsetzungsstrategie, 6. Zusammenfassung, 7. Erfolgskontrolle, 8. Änderungsregister.

Das dieses Stadtentwicklungskonzept tatsächlich kommunalpolitisch »gelebt« wird, zeigt bereits nach knapp drei Jahren die Fortschreibung und Aktualisierung zum Fachkonzept 4.5 hinsichtlich des energiepolitischen Leitbilds auf.[7] In der Begründung zu diesem neu aufgenommenen Punkt wurde herausgestellt, dass in den letzten zwei Jahrzehnten die Sicherung der nationalen Energieversorgung und der Klimaschutz erheblich an Bedeutung gewonnen haben. Weiter wird dazu ausgeführt, dass innerhalb der nächsten Jahrzehnte eine drastische Reduktion der Treibhausgasemissionen als erforderlich angesehen wird, um entstandene Schäden und mögliche Risiken eines Klimawandels einzudämmen. Die Anpassung an die Folgen des Klimawandels wird zunehmend ein Handlungsfeld auf kommunaler Ebene werden. Deutschland hat sich weitreichende energie- und klimapolitische Ziele gesetzt, die nur dann erreicht werden können, wenn die erheblichen Potenziale zur Energieeinsparung und zum Klimaschutz in den Kommunen ausgeschöpft werden. Maßnahmen zur Energieeinsparung tragen wesentlich dazu bei, Kommunalhaushalte langfristig zu entlasten und die lokale Wirtschaft zu stärken. Soll die von der *Bundesregierung* geforderte Kohlendioxidminderung und die Verdoppelung der gesamtwirtschaftlichen Energieproduktivität bis 2020 erreicht werden, müssen entsprechende Anstrengungen erheblich verstärkt werden. Um künftigen Förderprogrammen gegenüber aufgeschlossen zu sein, ist es von großer Bedeutung, den politischen Willen der Kommune mit den energiepolitischen Zielen des Bundes und der Länder in Einklang zu bringen. Diese Willensbekundung kann durch die Aktualisierung und fortlaufende Ergänzung des städtebaulichen Entwicklungskonzepts zum Ausdruck gebracht werden.

In dieser Fortschreibung setzte sich im Januar 2012 die Stadt Delitzsch die in ihrer Geschichte weitreichendsten Ziele und begab sich damit in die erste Reihe deutschlandweiter kommunalpolitischer Eigenverpflichtung: Die Stadt fühlt sich dem Klimaschutz und der nachhaltigen Entwicklung verpflichtet. Sie sieht Energiepolitik als wesentlichen Bestandteil zur Erreichung der klimapolitischen Ziele. Ökonomie und Ökologie können durch Energie- und Klimaschutzpolitik sinnvoll in Einklang gebracht werden. Durch intelligentes Management kann der Energieverbrauch gesenkt und durch erneuerbare Energien kann dieser substituiert werden, ohne dabei das Wohlstandsniveau abzusenken. Gleichzeitig wird so ein Beitrag zur Gesundheitsvorsorge und zu mehr städtischer Lebensqualität geleistet. Die wichtigsten Säulen sind der Ersatz fossiler Ressourcen durch regenerative Energien, Effizienzsteigerung in allen Bereichen der Erzeugung, Verteilung und Nutzung sowie rationeller Energieeinsatz in Haushalten, Gewerbe, Industrie und Verkehr.

7 Drucksachen-Nr. 27–12 mit Stadtratsbeschluss vom 28.02.2012.

Eine offensive kommunale Informationspolitik trägt in Delitzsch mit dazu bei, Hemmnisse abzubauen und bei möglichst vielen Akteuren in der Stadt ein Handeln im Sinne des Leitbilds zu erreichen. Somit hat Delitzsch eine Vorbildfunktion im Energie- und Klimabereich. Diese wird der Bevölkerung auch durch entsprechende Erfolge und durch Öffentlichkeitsarbeit verdeutlicht. Energieeffizienz bedeutet, bei Gebäuden, Fahrzeugen und Maschinen den gesamten Lebenszyklus zu berücksichtigen. Externe Effekte sollen soweit wie möglich internalisiert werden, d. h. das Verursacherprinzip bildet die Grundlage für jede Energie- und Umweltpolitik. Der Ausstoß des klimaschädlichen Kohlendioxids sowie der Stickoxide und anderer klimaschädlicher Gase soll in Delitzsch, gemessen am Stand von 1990, bis 2020 um mindestens 75 % gesenkt werden, womit der Bundesdurchschnitt und die bundespolitischen Ziele weit übertroffen werden. Zwischen 1990 und 2007 wurde die Kohlendioxidemission in Delitzsch bereits um 60 % gesenkt, der Endenergieeinsatz wurde um 22 % und der Primärenergieeinsatz um 24 % reduziert. Ursachen hierfür waren neben verbesserter Effizienz und einer weitreichenden Energieträgersubstitution vor allem auch Bevölkerungsrückgang und wirtschaftliche Veränderungsprozesse.

Es wird als erforderlich angesehen, nicht nur den Endenergieverbrauch bei den Verbrauchern zu senken, sondern beim Primärenergiebedarf anzusetzen, um die Umwandlungsverluste bereits vor Nutzung der Energie zu berücksichtigen. Primärenergie ist Energie, die noch keiner technischen Umwandlung unterworfen wurde. Sekundärenergie ist Energie nach der ersten Umwandlung des Rohstoffs. Nutzungsenergie ist beispielsweise die Wärme des Heizkörpers oder die Kälte des Kühlschranks. Bei jeder Umwandlung entsteht neben sogenannter Exergie auch Anergie, also nicht mehr arbeitsfähige Energie als »Abfallprodukt«. Bei kommunalen Gebäuden wie Kindertagesstätten, Schulen, Kultur- und Sozialeinrichtungen sowie Verwaltungsgebäuden ist Energieverbrauchsminderung ein selbstverständlicher, integraler Bestandteil von Sanierungsplanungen – ebenso wie im Neubau. Dazu gehören insbesondere

- Wärmeschutzmaßnahmen in dem Ausmaß, wie es die jeweilige Situation zulässt, möglichst nach Niedrigenergiehausstandard gemäß EnEv oder nach Passivhausstandard, die mindestens die Vorgaben der Energiesparverordnung 2009 des Bundes erreichen,
- eine hocheffiziente Heizungs-, Beleuchtungs- und gegebenenfalls Lüftungstechnik in den Gebäuden,
- eine intelligente Regelungstechnik, beispielsweise mit nutzungsorientierter Heizungsregelung der einzelnen Räume, Beleuchtungsregelung durch Tageslichtsensoren und durch Bewegungsmelder,
- Einsatz von solarthermischen Anlagen zur Warmwasserbereitung in Einrichtungen mit entsprechendem Bedarf und Potenzial,
- Einsatz von umweltfreundlichen Baustoffen, deren Produktion und Transport mit möglichst niedrigem Energieverbrauch verbunden ist,

- Schaffung energetischer Vorbilder mit Wärmeschutz nach Passivhausstandard mit einem Heizwärmebedarf von höchstens 15 kWh/m^2a bei kommunalen Neubauten,
- optimierte passive Nutzung der Solarenergie, beispielsweise mit geeigneter Gebäudeorientierung und Gebäudegeometrie,
- solarthermische Anlagen mit Langzeitwärmespeicher für die Warmwasserbereitung zur aktiven Solarnutzung,
- möglichst energiearme Gebäudelüftung,
- Bevorzugung von Heizungen mit regenerativen Parametern wie Biomasse Holz, Wärmepumpen und solarthermischer Heizungsunterstützung.

Die Bewertung des Gebäudebestands und dessen weitere Entwicklungsplanung erfolgt quartiers- und einwohnerbezogen. Die Erfassung und Planung von sinnvoll abgegrenzten Quartieren anstelle von Einzelgebäuden ist planerisch oft sinnvoller und kann zudem Vorteile hinsichtlich der Wirtschaftlichkeit der Gesamtlösung mit sich bringen. Eine einwohner(akteurs)bezogene Planung berücksichtigt ferner den vorherrschenden Lebensstil der Bewohner im Quartier, welcher mit sehr unterschiedlichen soziodemografischen Rahmenbedingungen und Werteorientierungen einhergeht.

Da der Bereich »Mobilität« einen hohen Energieverbrauch aufweist, unterstützt die Stadt Maßnahmen, die zu einer Verringerung des motorisierten Individualverkehrs beitragen und stattdessen zu einer stärkeren Nutzung des öffentlichen Nahverkehrs sowie zur Fahrradnutzung und zu vermehrtem Fußverkehr führen. Bei der Siedlungs- und Gewerbeentwicklung wird auf eine Stärkung der Kernstadt geachtet, um so möglichst kurze Wege zu ermöglichen und dementsprechend Energie einzusparen.

Der Energieverbrauch von Industrie und Gewerbe ist in Delitzsch vergleichsweise gering. Dennoch liegt es allein aus betriebswirtschaftlichen Gründen im Interesse der jeweiligen Unternehmen, ihren Energieverbrauch zu senken. Die Stadt unterstützt die Unternehmen durch eine entsprechende Informationspolitik, durch Netzwerke und durch die Wirkung der Stadt als Vorbild. Eine besondere Bedeutung haben dabei die mehrfach im Jahr durchgeführten »Wirtschaftsstammtische«, die dem gegenseitigen Kennenlernen der Unternehmen dienen und im günstigsten Falle zur Aufnahme von wechselseitigen Geschäftsbeziehungen führen.

Fortschrittliche Energiepolitik, die zum vermehrten Einsatz erneuerbarer Energien und zu mehr Energieeffizienz beiträgt, bildet einen Schwerpunkt der Arbeit des Stadtrats und der Verwaltung. Dies wird aktiv als wirtschaftlicher Standortvorteil kommuniziert. Die Stadt Delitzsch erkennt die ehrgeizigen klimapolitischen Ziele der *Bundesregierung* an und arbeitet aktiv daran, die Emissionen klimaschädlicher Treibhausgase deutlich zu verringern.[8]

---

8 Aus dem Beschlusstext 4.5.1 Energiepolitisches Leitbild der Fortschreibung des Städtebaulichen Entwicklungskonzeptes der Drucksachen-Nr. 27–12 des Stadtratsbeschlusses vom 28.02.2012.

Abb. 2: Fertiggestellte Sanierung der Grundschule am Rosenweg im Stadtgebiet Nord (Foto: Nadine Fuchs, Stadt Delitzsch).

Im kurzen zeitlichen Abstand erfuhr die strategische Entscheidungsfindung eine weitere Verdichtung. Das Leitbild »Delitzsch 2015 – Stadt im Wandel« aus dem Jahre 2006 wurde 2012 um das Kapitel »Energie und Klima« erweitert. Damit wurden erstmals die Handlungsfelder »Stadtmarketing und -leitbild« mit dem Zertifizierungsverfahren des *European Energy Awards*® verknüpft. Letzterer beinhaltet ein Qualitätsmanagementsystem, das es Kommunen ermöglicht, ihre Energie- und Klimaschutzpolitik dauerhaft zu optimieren. In der Begründung zu dieser Ergänzung heißt es u. a. »[...] ist eine Ergänzung des städtischen Leitbilds um das Thema ›Energie und Klima‹ erforderlich, da Nachhaltigkeit und Ressourcengewinnung in der heutigen Zeit eine hohe Priorität haben.« Delitzsch hat entsprechend der Leitlinie des Beschlusses die wichtige Vorbildfunktion von Kommunen in Sachen »Energieeffizienz«, »Klimaschutz« und »Ressourcenschutz« erkannt und verfolgt engagiert eine nachhaltige Energiepolitik über alle kommunalen Handlungsfelder hinweg.[9] Auf Basis der europäischen und nationalen Energieeffizienz- und Klimaschutzstrategien mit einem Planungshorizont bis 2020 sowie der städtischen Energie- und Emissionsbilanzdaten aus dem Jahr 2007 setzte sich Delitzsch zusammenfassend die folgenden Ziele:

9 Stadtratsbeschluss der Stadt Delitzsch Nr. 23/12.

- Reduzierung der Kohlenstoffdioxidemissionen im Stadtgebiet um 80 % gegenüber 1990 und um 20 % gegenüber 2007, wobei im Sektor »Mobilität« das Senkungsziel gegenüber 2007 um 3 % erreicht werden soll.
- Reduzierung des Endenergieverbrauchs aller Verbrauchssektoren um insgesamt 30 % gegenüber 1990 und um 10 % gegenüber 2007.
- Steigerung des Anteils erneuerbarer Energien an der Wärmebedarfsdeckung im Stadtgebiet auf insgesamt 5 % gegenüber 0 % im Jahre 1990.
- Im Stadtgebiet wird bereits heute insgesamt mehr Strom aus erneuerbaren Energien erzeugt als an Strom insgesamt verbraucht wird.
- Erforderlich ist, nicht nur den Endenergieverbrauch bei den Verbrauchern zu senken, sondern bereits beim Primärenergiebedarf anzusetzen, um die Umwandlungsverluste vor der Nutzung der Energie zu berücksichtigen.
- Gemeinsam mit der Technischen Werke Delitzsch GmbH unterstützt die Stadt den Auf- und Ausbau effizienter Nah- und Fernwärmeversorgungssysteme auf Basis erneuerbarer Energien und der Kraft-Wärme-Kopplung.
- Eine offensive kommunale Informationspolitik und Öffentlichkeitsarbeit trägt in Delitzsch dazu bei, Hemmnisse abzubauen und ein Handeln im Sinne des Leitbilds bei möglichst vielen Akteuren in der Stadt zu erreichen.
- Die Stadtverwaltung Delitzsch handelt nach den Grundsätzen einer ökologischen, ökonomischen und sozialen Nachhaltigkeit. Bei Neubau- und Sanierungsmaßnahmen an kommunalen Immobilien, bei deren Bewirtschaftung sowie im städtischen Beschaffungswesen gelten Energieeffizienz, Umwelt- und Klimaschutz als wichtige Beachtungskriterien. Dies wurde 2009 mit einer Richtlinie verbindlich festgeschrieben.
- Bei den kommunalen Gebäuden ist Energieeffizienz ein integraler Bestandteil der Sanierungs- und Neubauplanungen.
- Zur Erreichung der Energieeffizienz- und Klimaschutzziele kooperiert die Stadtverwaltung eng mit den institutionellen Vermietern im Stadtgebiet, da diese aufgrund der großen Mietwohnungsbestände wichtige Schlüsselakteure bei der Zielerreichung sind.
- Im Bereich »Mobilität« unterstützt die Stadt Maßnahmen zur Förderung alternativer Antriebs- und Beförderungskonzepte sowie Maßnahmen zur Schaffung von Rahmenbedingungen für eine verbesserte nicht motorisierte Nahmobilität. Bei der Siedlungs- und Gewerbeentwicklung wird auf eine Stärkung der Kernstadt geachtet, um so möglichst kurze Wege zu ermöglichen und Energie einzusparen.
- Die Energienutzung durch Industrie und Gewerbe erfolgt in Delitzsch bereits vergleichsweise effizient. Aus betriebswirtschaftlichen Gründen liegt es im direkten Interesse der jeweiligen Unternehmen, ihren Energieverbrauch weiter zu senken. Die Stadt unterstützt die Unternehmen, ihren Energieverbrauch weiter zu senken. Die Stadt unterstützt die Unternehmen hierbei durch entsprechende Netzwerke und durch Informationspolitik sowie durch ihre städtische Vorbildwirkung.

- Die Delitzscher Energiepolitik zielt auf eine gesteigerte lokale und regionale Wertschöpfung in energierelevanten Branchen und trägt damit zur Stärkung des Wirtschaftsstandorts Delitzsch bei.
- Die Zuständigkeit für die städtische Energie- und Klimaschutzarbeit sind innerhalb der Stadtverwaltung eindeutig zugewiesen und mit entsprechenden Personalressourcen untersetzt. Hierbei arbeitet die Stadtverwaltung strukturiert u.a. an einer kontinuierlichen Verbesserung interner Prozesse und externer Kommunikation und Kooperation im Sinne der gesteckten Energieeffizienz- und Klimaschutzziele.
- Zur Strukturierung der energiepolitischen Arbeit in den sechs kommunalen Handlungsfeldern: Entwicklungsplanung/Raumordnung, Kommunale Gebäude und Anlagen, Ver- und Entsorgung, Mobilität, interne Organisation und Kommunikation/Kooperation beteiligt sich Delitzsch seit 2005 am europäischen Qualitätsmanagement- und Zertifizierungsverfahren European Energy Award® und wurde bereits 2007 und 2010 mit dem Titel »Energiesparstadt« ausgezeichnet. Dabei werden unter Einbeziehung verschiedener Akteure aus Wirtschaft, Verwaltung, Politik und Bürgerschaft kontinuierlich Energieeffizienz- und Klimaschutzmaßnahmen im Einflussbereich der Stadt entwickelt, umgesetzt und evaluiert.
- In enger Kooperation mit Partnern aus Wissenschaft und Praxis beteiligt sich Delitzsch in den Jahren 2009 bis 2016 am Forschungswettbewerb »Energieeffiziente Stadt« des Bundesministeriums für Bildung und Forschung, welcher auf die Entwicklung eines quartiers- und akteursorientierten sowie zukünftig auch auf vergleichbare Städte übertragbaren Energiemanagementsystems für die Gesamtstadt abzielt. Ein in diesem Kontext entwickelter innovativer »Masterplan Energieeffizienz« dient als strategische und taktische Planungs- und Handlungsgrundlage für Delitzsch. Zur praktischen Umsetzung beschäftigt die Stadt einen Energieeffizienzmanager, welcher wichtige Entwicklungs-, Informations- und Netzwerkarbeit für Bürger, Wirtschaft, Politik und Verwaltung auf Basis des Masterplans »Energieeffizienz« leistet.[10]

Im Rahmen der Ausschreibung des Bundeswettbewerbs »Energieeffiziente Stadt« gehörte Delitzsch im Jahre 2010 gemeinsam mit vier weiteren Städten zu den fünf gekürten Preisträgern. Damit wird die Stadt gewissermaßen zum »Großlabor« für einen wissenschaftlichen Forschungsansatz, anhand dessen die Bundesregierung bis 2016 beispielhafte Handlungsfelder für andere Kommunen entwickeln und ableiten möchte.

Freilich gab es auch Fehlschläge, denn nicht alle angedachten Maßnahmen einer transparenten energiepolitischen Öffentlichkeitsarbeit führen zu einem erfolgreichen Abschluss. So gelang es beispielsweise im Jahre 2010 nicht, die auf der Dachfläche der

10 Kapitel »Energie und Klima«. In: Leitbild der Stadt Delitzsch »Delitzsch 2015 – Stadt im Wandel«.

Grundschule Delitzsch-Ost vorgesehene Photovoltaikanlage als Bürger-Solar-Genossenschaft zu finanzieren. Trotz öffentlicher Bürgerversammlung und gezielter Werbemaßnahmen kam nur etwa ein Viertel der benötigten Gesamtsumme von rund 200 000 Euro zusammen. Das Genossenschaftsmodell hätte schon allein durch seinen Umsetzungsort in der Gründungsstadt der deutschen Genossenschaftsbewegung[11] seinen Reiz gehabt. Letztlich errichteten die Stadtwerke der TWD die Anlage als eigenfinanziertes Projekt. Im Gegensatz dazu erlebten Kleinst-PV-Anlagen in der Stadt seit 2009 einen starken Zuwachs. Auf einem großen Teil der neu erbauten oder sanierten Wohnhäuser errichteten die Eigentümer – soweit die baulichen Gegebenheiten dies zuließen – Warmwasserbereitungsanlagen mit Sonnenkollektortechnik oder sie speisen regenerativ erzeugte Elektroenergie in das öffentliche Netz ein.

Bedingt durch die Stadttopografie und die fast kreisförmige Ausdehnung des bebauten Stadtgebiets und der Ortsteile war es ein Gebot der Vernunft, auch die Verkehrssituation zu untersuchen und eine Straßenanpassung mit einer stärkeren Berücksichtigung des Radfahrverkehrs vorzunehmen. Zunächst war es gelungen, die Verantwortlichen für die unterschiedlichen Zuständigkeiten (Straßenbaulastträger) für Bundes-, Landes-, Kreis- und Kommunalstraßen zu einer konzertierten Vorgehensweise zu bewegen. Finanzierung, Planung und Bauausführung konnten schließlich so ausgerichtet werden, dass am 15. Oktober 2008 die ringförmig um Delitzsch angelegte Umgehungsstraße fertiggestellt und für den Verkehr freigegeben wurde. Da damit auch die Verkehrsführung angepasst wurde, wurde die Innenstadt vom Schwerlastverkehr entlastet. Darüber hinaus wirkte sich die Beseitigung mehrerer Schrankenanlagen an innerstädtischen Bahnübergängen der stark befahrenen Eisenbahnstrecke Leipzig – Bitterfeld positiv aus. Die Übergänge wurden durch Tunnel- und Brückenbauwerke ersetzt: 1996 an der Beerendorfer Straße, 1997 an der Benndorfer Landstraße und 1998 an der Dübener Straße. War es bisher teileweise zu sehr langen Schrankenschließzeiten und damit verbundenen Rückstaus in den Straßen und Kreuzungsbereichen gekommen, konnte nun eine völlige Umstrukturierung der Straßentrassierung und Kreuzungsbereiche erfolgen. Dies betraf insbesondere Teile der Eisenbahnstraße, der Beerendorfer Straße, der Dübener Straße, der Bitterfelder Straße und der Kohlstraße.

Delitzsch war und ist eine Stadt der Radfahrer – der Anteil an Radfahren zählt mit zu den höchsten in Deutschland. Somit gilt es, deren Belange im Rahmen der Vermeidung unnötigen Autoverkehrs besonders zu berücksichtigen – sei es hinsichtlich des Wegs zur Arbeitsstelle, zu Kindertagesstätten und Schulen, der Erledigung von Einkäufen oder zu Erholungszwecken. Durch die aktive Einbeziehung der Bevölkerung und auf Basis von Diskussionen im *Technischen Ausschuss* das Radverkehrskonzept der Stadt Delitzsch, das am 31. Mai 2012 in der Sitzung des Stadtrats einstimmig angenommen wurde.[12] Im Zuge einer Analyse stellte man zunächst

11 Wilde, Manfred: Episoden um Hermann Schulze-Delitzsch. Taucha 2008.
12 Stadtratsbeschluss der Stadt Delitzsch Nr. 75/2012.

kritisch fest, dass im Stadtgebiet Defizite hinsichtlich der Durchgängigkeit des Fahrradwegenetzes, der Verknüpfung von Zielpunkten sowie der Verbindung der Ortsteile mit dem Stadtzentrum bestanden. Neben der Definition von Zielen zum Ausbau des Netzes wurden das bereits bestehende Netz und die Radverkehrsanlagen hinsichtlich der durchgängigen Verkehrssicherheit überprüft. Eine besonderes Augenmerk richtete man dabei auf Fragen zur Attraktivität der Wege, auf die Kombination des Radverkehrs mit anderen Verkehrsmitteln des Öffentlichen Personennahverkehrs, auf wichtige touristische Radrouten, auf den Streckenzustand und die durchgängige Beschilderung sowie auf die Schaffung sicherer Radabstellanlagen. Anhand einer Bestandsanalyse wurden umfassende Vorschläge erarbeitet, die den örtlichen Gegebenheiten gerecht wurden, es wurden Prioritäten festgelegt und Kostenschätzungen abgegeben. Daneben flossen auch die Radverkehrskonzeptionen für den Freistaat Sachsen und für den Landkreis Delitzsch mit ein.

Eine besondere Bedeutung erfuhr die Stadt Delitzsch in touristischer Hinsicht mit der am 14. Juni 2012 erfolgten Verkehrsfreigabe des von Leipzig nach Wittenberg führenden Fernradwegs »Kohle – Dampf – Licht«, der einen Teil des europäischen Fernradwegenetzes bildet. Welche Bedeutung das Radwegenetz in seiner Gesamtausprägung für die Bürger der Stadt und die Radtouristen hat, wird schon allein anhand der Streckenlänge ersichtlich, die sich in mehrere Kategorien untergliedern lässt. Die Länge der überregionalen Radfernwege bzw. Hauptrouten des »SachsenNetz Rad« auf der Gemarkung der Stadt Delitzsch beträgt 32 Kilometer, die der Landkreisrouten in Ergänzung der Radfernwege und des »SachsenNetz Rad« 36 Kilometer und die der kommunalen Radrouten mit der Verbindungsbildung zwischen den Außenbereichen und der Kernstadt und des Alltagsradverkehrs 39 Kilometer. Das im Jahre 2013 vorhandene Hauptradroutennetz der Stadt Delitzsch misst damit eine Gesamtlänge von etwa 107 Kilometern, wovon etwa 41 Kilometer auf das Hauptstraßennetz, etwa 18 Kilometer auf das Nebenstraßennetz und etwa 39 Kilometer auf das sonstige Wegenetz entfallen.[13]

Im August 2010 beteiligte sich Delitzsch am Innenstadtwettbewerb »Ab in die Mitte« (vgl. Abb. 3) und belegte dabei einen der vorderen Plätze. Dieses Konzept beinhaltete die Schaffung einer bestmöglichen Infrastruktur für Radtouristen, die die Stadt besuchen. Die investiven Maßnahmen umfassten bis zur Fertigstellung im Juni 2013 die Errichtung einer Radfahrerstation auf dem Roßplatz, Schließfächer für Radgepäcktaschen, die Installation einheitlicher Fahrradabstellbügel und die Aufstellung abschließbarer Fahrradboxen.

13 Radverkehrskonzept der Stadt Delitzsch – Delitzsch fährt Rad. Mai 2012. Im Auftrag der Stadt Delitzsch erarbeitet vom Büro StadtLabor, Tim Tröger und Fritjof Mothes GbR in Leipzig, S. 38–39.

Abb. 3: Teilnahme am Wettbewerb »Ab in die Mitte«, 2010 (Grafik: Felix Scholz, Berlin).

Eine enge Netzwerkarbeit besteht zwischen der kommunalen Verwaltung und den kommunalen Zweckverbänden und städtischen Tochterunternehmen, die sich in vielerlei Hinsicht innovativ stimulieren und beeinflussen: Dazu gehört beispielsweise die gemeinsame Durchführung von Vorhaben im Straßenbau, in der Wohnungswirtschaft und in der Wohnumfeldgestaltung. Von Bedeutung ist in diesem Zusammenhang auch die Kommunalisierung der Wasser- und Energieversorgung sowie der Abwasserentsorgung. Bereits seit 1992 gibt es mit der *Delitzsch-Rackwitzer-Wasserversorgung* (DERAWA) einen leistungsfähigen und zu 100 % kommunalen Zweckverband, dem neben der Stadt Delitzsch auch die Gemeinden Wiedemar, Rackwitz, Löbnitz, Krostitz, Schönwölkau sowie Teile von Schkeuditz und Leipzig angehören. Dem *Abwasserzweckverband Delitzsch* (AZVD) mit eigener biologischer Kläranlage gehören die Stadt Delitzsch und die Gemeinde Wiedemar an. Letzterer ist ebenfalls ausschließlich kommunal getragen.

Im Gegensatz dazu mussten die Delitzscher Stadtwerke als Lieferant für Elektroenergie, Gas und Fernwärme einen sehr steinigen Weg zurücklegen, auf dem sie sehr viel Lehrgeld bezahlen mussten. Nach zunächst erfolgreicher Gründung der *Technischen Werke GmbH* 1991 und stabilen Anfangsjahren kam es um das Jahr 2005 durch Missmanagement und fehlendes Controlling zu einer wirtschaftlichen Schieflage, die die Stadt Delitzsch zu einem Anteilsverkauf zwang. Infolge dessen ging 2007 die kommunale Mehrheit an der *Technischen Werke GmbH* verloren. Vor allem vor dem Hintergrund unterschiedlicher politischer Zielstellungen der im Stadtrat vertretenen Fraktionen bedurfte es großer Anstrengungen, die Konsolidierung anzubahnen. Ein erster wichtiger Markstein konnte 2010 mit der erstmaligen Vergabe der Konzession für das Elektroversorgungsnetz der Delitzscher Ortsteile[14] und 2011 für den Neuabschluss der Konzession wiederum auch für das Gebiet der Kernstadt von Delitzsch[15] an die *Technischen Werke Delitzsch GmbH*, den Stadtwerken, gesetzt werden. Damit gelang eine Arrondierung des Versorgungsgebiets, das damit in der Folgezeit erstmals netztechnisch auf einen einheitlich zeitgemäßen Standard gebracht werden konnte. Es folgten weitere gemeinsame innovative Schritte von Stadt und *Technischen Werken*. Im Stadtgebiet Delitzsch errichtete man 2011 drei Elektrotankstellen: auf dem Marktplatz in der Altstadt, vor dem Unteren Bahnhof und auf dem Gelände der Stadtwerke im Wohngebiet Nord. Die Stadtwerke nahmen 2013 ein zweites Elektroauto in ihre Fahrzeugflotte auf, sodass unter städtischer Regie bereits zwei dieser Fahrzeuge genutzt werden. Als Pilotprojekte sollen sie die Bevölkerung für das Thema »erneuerbare Energien« sensibilisieren. Zwei herkömmliche PKW mit Verbrennungsmotoren konnten hingegen außer Betrieb genommen werden.

Von 2010 bis 2013 gelang die Konsolidierung der Stadtwerke, die mit 49 Mitarbeitern und einem Jahresumsatz von 17,1 Mio. Euro im Jahr 2011 eine stabile Basis kommunalen Agierens darstellen. Mit der im Jahre 2013 durch Ankauf erreichten Rekommunalisierung des Anteils der *E.on Thüringer Energie AG* von 25,1 % an den *Technischen Werken Delitzsch GmbH* befindet sich nunmehr wieder mehr als die Hälfte des Unternehmens in kommunaler Hand.

Die damit verbundenen wachsenden Handlungsspielräume bedürfen eines disziplinierten kommunalpolitischen Vorgehens, bei dem das Beteiligungscontrolling eine fundamentale Rolle spielt. Die politische Willensbekundung bildet nur die eine Seite ab, denn wenn auf der anderen Seite die praktische Umsetzung nicht erfolgt und die Transparenz des Verfahrens nicht öffentlich kommuniziert wird, kann keine umfassende Akzeptanz in der Bevölkerung erreicht werden. Berücksichtigt man dies, schließt sich wieder der Kreis von zwingender wirtschaftlicher Notwendigkeit, über die Umsetzung des politischen Willens des Stadtrats, bis zur Herstellung der Kompatibilität mit den umweltpolitischen Selbstverpflichtungen im Leitbild der Stadt Delitzsch 2015 und dem Handeln des einzelnen Bürgers in seinem privaten Umfeld.

Dass dies bereits mittelfristig betriebswirtschaftlich lukrativ ist, zeigt ein weiteres Beispiel des so wichtigen Jahres 2013. Die *Wohnungsbaugenossenschaft »Aufbau«* hatte sich 2007 dazu entschlossen, in die Keller mehrerer Wohnblöcke (insgesamt 560 Wohnungen) kleine Blockheizkraftwerke (BHKW) einbauen zu lassen. Die aus Dieselmotor und Generator bestehenden Module erzeugten zwar Wärme und Elektroenergie, wiesen aber bereits nach wenigen Jahren technische Probleme auf, bis hin zu immer schwerer zu beschaffenden Ersatzteilen. Problematisch war aus

---

14 Stadtratsbeschluss Nr. 50/2010 vom 24.06.2010.

15 Stadtratsbeschluss Nr. 52/2011 vom 26.09.2011.

ökologischer Sicht vor allem der Energieträger Palmöl. Es folgten umfassende ingenieurtechnische Untersuchungen und modellierte Berechnungen, die es als sinnvoll erscheinen ließen, die alten Anlagen stillzulegen und den Wohnungsbestand an das Fernwärmenetz der Stadtwerke anzuschließen. Mit Beginn der Heizperiode 2013 konnten bereits 300 Wohnungen mit Fernwärme versorgt werden, weitere 260 Wohnungen folgen 2014. Dabei ist es wichtig, zu wissen, dass das große Blockheizkraftwerk der Stadtwerke Fernwärme erzeugt, die zu 83 % auf nachhaltiger Kraft-Wärme-Kopplung basiert. Die Wärme ist in diesem Fall ein Nebenprodukt der Stromerzeugung und kann somit effizient in den Energiekreislauf eingebracht werden.

Von zentraler Bedeutung für kommunalpolitisches Handeln ist die Einbeziehung der Bürger der Stadt: Informationsveranstaltungen, Bürgerforen, öffentliche Stadtratssitzungen, Ortschaftsratssitzungen, regelmäßige Bürgersprechstunden, Energieberatung, Energiespartipps im städtischen Bekanntmachungsblatt, Darstellung der Arbeitsschritte auf der Webseite der Stadt, interaktive Kommunikation in sozialen Netzwerken (z. B. facebook), Bürger- und Servicetelefon. Die positiven Ergebnisse dieser Entwicklung finden nicht nur, wie am Beispiel des *European Energy Award®* erkennbar, europaweit Anerkennung, sondern werden in Form eines Erfahrungstransfers »international vergemeinschaftet«. Der Delitzscher Oberbürgermeister Wilde berichtete im Rahmen des EU-Programms »EnercitEE« im schwedischen Växjö (von 30. Mai bis 1. Juni 2012) über Klimaschutzmaßnahmen der Stadt und trug damit zum europäischen Erfahrungsaustausch bei. Neben der deutschen Partnerregion Sachsen nahmen auch kommunale Spitzenvertreter aus Italien (Region Emilia Romagna), Schweden (Region Småland/Blekinge), Frankreich (Region Haute-Savoie) und Polen (Region Dolny Śląsk) an der Veranstaltung teil. Es fand ein umfassender Erfahrungsaustausch statt, insbesondere was die Verwendung von Holz als Energieträger anbelangt.[16]

Im darauffolgenden Jahr konnten die in Delitzsch gesammelten Erfahrungen bereits nach Osteuropa weitergegeben werden. Dass der internationale Erfahrungsaustausch grundsätzlich auch von wirtschaftlicher Bedeutung ist, verdeutlicht die Zusammenarbeit der Stadt mit dem Ostausschuss der deutschen Wirtschaft. In der im Oblast Lviv/Ukraine gelegenen Stadt Zhovkva fand von 30. September bis 4. Oktober 2013 eine »Woche der Energieeffizienz« statt, in der auf der fachspezifischen Arbeitsgruppensitzung unter der Leitung des Oberbürgermeisters der Energieeffizienzmanager, Vertreter des Stadtrats, der Wohnungsgesellschaft und der Wirtschaftsförderung in Fachpanelen berichteten.

Im Jahre 2014 besuchte der Vorsteher des *Amtes für Wirtschaft* im *Volkswirtschaftsdepartement des Kanton Schwyz*/Schweiz, Urs Durrer, gemeinsam mit einer Delegation des *Schweizerisch-Deutschen Wirtschaftsclub e. V.* die Stadt Delitzsch und informierte

16 Studienreise für Bürgermeister ins schwedische Växjö – Gute Beispiele sehen und auf eigene Projekte übertragen. In: Sachsen trifft Europa. Innovative Ergebnisse für mehr Energieeffizienz in Kommunen und bei den Bürgern. Sächsisches Staatsministerium für Umwelt und Landwirtschaft (Hrsg.). Dresden 2013, S. 35.

sich umfassend über die praktische Umsetzung von Energieeffizienzprojekten und deren wirtschaftliche Bewertung.

Abb. 4: Wissenschaftliche Tagung im schwedischen Växjö (Foto: Sächsische Energieagentur SAENA GmbH, Björn Wagner).

Energieeffizienz, Klimaschutz und der energiepolitische Transformationsprozess bilden einen integralen Bestandteil der kommunalpolitischen Handlungsfelder der Stadt Delitzsch. Sie bilden ein Innovations- und Kraftquell, das symbiotisch auf eine ausgewogene Wirtschafts-, Sozial-, Städtebau-, Wohnungs-, Infrastruktur- und Regionalpolitik wirkt. Die bundes- und europapolitische Vernetzung und Einbindung des kommunalen Erfahrungsschatzes bildet die Voraussetzung für die Lösung regionaler und globaler Herausforderungen.[17]

17 Beispielsweise mit Beiträgen in kommunalpolitischen Foren und Medien wie »der gemeinderat« Das unabhängige Magazin für die kommunale Praxis. Hier: Tillman Bruns: Stadt und Bürger profitieren. In: der gemeinderat 9/2013, S. 10–11.

Urkunde

zum

„Dialog kommunale Energieeffizienz"

Die Stadt **Delitzsch** in Deutschland und die Stadt **Zhovkva** in der Ukraine vereinbaren die Aufnahme eines **„Dialogs zur kommunalen Energieeffizienz"**.

Beide Städte unterstützen sich im Rahmen dieses Dialoges vor allem in den folgenden Aufgabenfeldern:

- Verwaltungsbeteiligung und Energieleitbild
- Bürgerinformation und Beratung
- Stadtentwicklung und Urbanität
- Ausbildung und Austausch von Fachkräften

Die Städte Delitzsch und Zhovkva verbindet dabei das Ziel einer effizienten Energienutzung und einer innovativen Stadtentwicklung.

Petro Vykhopen
Bürgermeister
der Stadt Zhovkva

Dr. Manfred Wilde
Oberbürgermeister
der Stadt Delitzsch

Zhovkva, 03. Oktober 2013

auf Initiative des Ost-Ausschusses der Deutschen Wirtschaft

Ost-Ausschuss der Deutschen Wirtschaft

oa

Abb. 5: Urkunde über den Dialog zur Energieeffizienz zwischen Delitzsch und der ukrainischen Stadt Zhovkva (Foto: Stadt Delitzsch).

Karl-Heinz Koch

Stadtplanerische Nachhaltigkeit im Stadtumbauprozess

Wie nachhaltig muss Stadtentwicklung sein, um den demografischen Veränderungen in Deutschland, ja selbst in Europa, gerecht zu werden und die Urbanität und Kompaktheit der europäischen Städte langfristig zu sichern? Bereits in den ausgehenden 1990er Jahren wuchs in einigen Regionen Deutschlands das Bewusstsein, dass infolge einer älter werdenden Gesellschaft sowie anhaltender Bevölkerungsrückgänge und zunehmender Wohnungsleerstände ein Umdenkprozess in der Stadtentwicklung stattfinden muss. Bedeutete Stadtentwicklung in der Vergangenheit stets Wachstum, so muss man sich heute mit Fragen wie »Schrumpfung von Städten«, den Anforderungen einer »alternden Gesellschaft« und den neuen Herausforderungen des »Klimaschutzes« auseinandersetzen. Auch im Freistaat Sachsen begann sich um den Jahrtausendwechsel allmählich der Erkenntnisprozess durchzusetzen, dass es neuer Ansätze bedurfte, die neuen Herausforderungen anzugehen. Die Notwendigkeit einer interkommunalen Diskussion und die Auseinandersetzung mit den in der globalisierten Gesellschaft einhergehenden Veränderungen waren Anlass, sich mit diesen Fragen analytisch zu beschäftigen.

Wechselseitig galt es, einen Erfahrungs- und Ideenaustausch anzugehen und sich für die anstehenden Aufgaben zu motivieren. Die Akteure aus Politik, Wirtschaft und Verwaltung mussten jedoch den Prozess der Umgestaltung erst als Chance einer neuen Stadtentwicklung begreifen. Neue, in der Öffentlichkeit meist noch vermiedene Schlagwörter wie Bevölkerungsrückgang, Rückbau, Aufwertung und Stadtumbau erforderten ein Umdenken bei den Akteuren der Stadtentwicklung und der Kommunalpolitik. Die Ausweisung und Erschließung neuer Wohngebiete, meist auf der »grünen Wiese« am Stadtrand oder in den Dörfern, befanden sich bei vielen sächsischen Gemeinden, so auch in Delitzsch, immer noch auf der Tagesordnung. Gespräche mit Vertretern des Freistaats Sachsen, der Kommunalpolitik, den Wohnungsunternehmen und den örtlichen Ver- und Entsorgern zeigten jedoch sehr schnell, dass die Stadt Delitzsch dem Anpassungsprozess einer nachhaltigen Stadtentwicklung offen gegenüber stand. Es bedurfte nur einer kurzen Zeit und Delitzsch hatte eine Schrittmacherrolle übernommen.

Die von den Stadträten im Oktober 2000 beschlossenen Handlungsrichtlinien des Grobkonzepts bildeten als Vorstufe des Stadtentwicklungskonzepts die Grundlage für das *Sächsische Staatsministerium des Innern*, die Stadt Delitzsch als eine der Modellstädte im Freistaat Sachsen für den Stadtumbauprozess auszuwählen. Mit der Erarbeitung des Stadtentwicklungskonzepts wurde erstmals ein ressortübergreifender Diskussionsprozess in der Kommune angestoßen, der sich mit allen Bereichen des gesellschaftlichen, wirtschaftlichen und ökologischen Zusammenlebens auseinanderzusetzen hatte. Durch die Einbindung unterschiedlichster Akteure aus den Bereichen der Wohnungswirtschaft, der Ver- und Entsorger, der örtlichen und regionalen Fachbehörden, der Kommunalpolitik und der Bevölkerung konnten zahlreiche Erkenntnisse über vorhandene städtebauliche Defizite, aber auch Potenziale für eine nachhaltige Stadtentwicklung, gewonnen werden. Schwerpunkt einer künftigen städtebaulichen Entwicklung in Delitzsch ist neben dem Erhalt der städtebaulichen Infrastruktur die Stärkung der Innenstadt und der städtischen Zentren, die sich über Jahre hinweg in ihrer urbanen Nutzungsvielfalt entwickelt haben. Die sich daraus ergebenden Maßnahmen und Zielrichtungen wurden im Stadtentwicklungskonzept festgeschrieben und gelten als Handlungsrichtlinien für die Verwaltung. Bereits 2001 erfolgte mit Fördermitteln aus dem Landesrückbauprogramm des Freistaats Sachsen aufgrund anhaltender Bevölkerungsrückgänge und zunehmenden Leerstands in dem in den 1970er und 80er Jahren errichteten Plattenbaugebiet im Nordwesten der Stadt der erste vollständige Rückbau eines Wohngebäudes durch die kommunale Wohnungsgesellschaft der Stadt Delitzsch.

Im Jahr 1990 lebten im Stadtteil Nord-West noch 11 570 Menschen, 2012 waren es nur noch 6 822. Der entsprechende Wohnungsleerstand in diesem Stadtteil stellte sich 2005 mit dem höchsten Leerstand von 727 Wohneinheiten dar, der im Jahr 2012 durch Rückbaumaßnahmen bis auf einen Leerstand von 563 Wohneinheiten reduziert werden konnte.

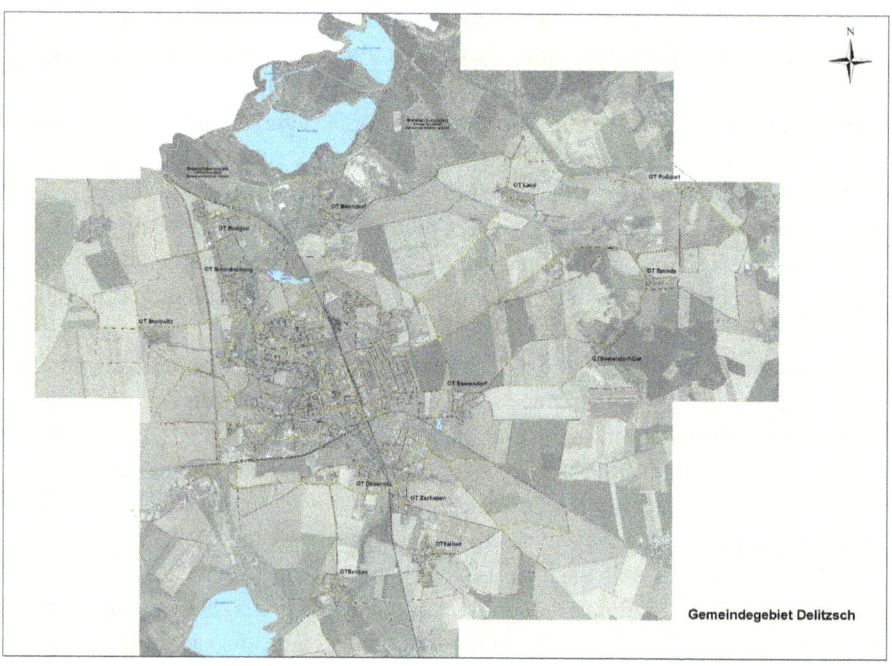

Abb. 1: Gemeindegebiet der Stadt Delitzsch, 2014 (Foto: Stadt Delitzsch, Bauplanungsamt).

Mit der Aufnahme in das von Bund und Ländern im Jahr 2002 neu aufgelegte Förderprogramm »Stadtumbau Ost« wurde der Grundstein dafür gelegt, dass sich die Stadt Delitzsch den neuen Herausforderungen des hohen Wohnungsleerstands und der damit in Zusammenhang stehenden Unterauslastung der technischen Infrastruktur stellen konnte. Bei der Erarbeitung des integrierten Stadtentwicklungskonzepts im Jahr 2002 verständigte sich die Stadt Delitzsch mit den beiden großen Wohnungsunternehmen – der *Wohnungsgesellschaft der Stadt Delitzsch* (WGD) und der *Wohnungsbaugenossenschaft »Aufbau«* – und den örtlichen Ver- und Entsorgungsunternehmen über die Ausrichtung der strategischen Rückbaumaßnahmen. Die städtebauliche Zielstellung sah von Anbeginn den Rückbau von außen nach innen vor, um nach Möglichkeit auch die damit entbehrliche Infrastruktur zurückbauen bzw. anpassen zu können und eine Reduzierung der Infrastrukturkosten zu erwirken. Im Rahmen eines Konsensplans zwischen den beiden Wohnungsunternehmen konnten eine Reihe von Rückbaumaßnahmen vereinbart werden, die in das städtebauliche Entwicklungskonzept aufgenommen wurden und einen mittelfristigen Maßnahmeplan für die Reduzierung des Wohnungsleerstands in Delitzsch bildeten. Von 2001 bis zum Jahresende 2013 konnten so durch die Bereitstellung von Fördermitteln des Bundes und des Freistaats Sachsen 1267 im zeittypischen Großplattenbau errichtete Wohneinheiten in den Stadtgebieten Nord und Ost vom Markt genommen werden (vgl. Abb. 2). Mit dem Rückbau ganzer Wohngebäude ergab sich jedoch ein weiterer Handlungsbedarf bei der Anpassung der Infrastruktur, welcher zuvor nicht im Blickwinkel der Politik und damit der Förderstruktur gestanden hatte. Hier brachte sich die Stadt mit ihren Erfahrungen so ein, dass neue Vorhaben daraus erwachsen konnten. Die Anpassungsmaßnahmen an der verbleibenden technischen Infrastruktur konnten aufgrund der rechtzeitigen Einbindung der Ver- und Entsorgungsunternehmen in den Stadtumbauprozess zeitnah mit den Rückbaumaßnahmen umgesetzt werden. Dies betraf die gesamte Netzstruktur, von der Fernwärmeleitung, über das Elektro- und Gasnetz, bis zur Wasserversorgungs- und Abwasserleitung sowie der Telekommunikation.

Nicht zuletzt stellte sich die Frage der Nachnutzung der durch Rückbau wieder frei gewordenen Grundstücksflächen. Bis zum Jahr 2010 erfolgte in der Regel eine städtebauliche Aufwertung der betroffenen Wohngebiete durch eine gestalterische Neuanlage von Grünflächen (vgl. Abb. 3) sowie von Geh- und Radwegen auf den vormaligen Abbruchflächen. Dabei wurden anfänglich auch Fehler gemacht und bei der Umsetzung der Aufwertungsmaßnahmen zunächst nicht berücksichtigt, dass die finanziellen und personellen Rahmenbedingungen für die dauerhafte Unterhaltung der neu geschaffenen Anlagen nicht zu leisten sind. Insbesondere die Pflege aufwendig gestalteter Grünanlagen zeigt sich als Brennpunkt, welchem sich die Stadt zukünftig verstärkt widmen muss. Hier wäre die Frage angebracht, ob das Festhalten an jahrelangen Zweckbindungsfristen bei der Ausreichung von Fördermitteln unter Berücksichtigung der anstehenden Anpassungen in der Stadtentwicklung an den demografischen Wandel und den knapper werdenden Finanzmitteln kommunaler Haushalte noch zeitgemäß ist.

Abb. 2: Rückgebaute Wohnblöcke (blau) im Stadtgebiet Nord (Foto: Staatsbetrieb Geobasisinformation und Vermessung Sachsen (GeoSN), farbliche Markierung durch Stadt Delitzsch, Bauplanungsamt).

Abb. 3: Neugeschaffene Erschließungs- und Grünanlagenachsen im Stadtgebiet Nord-West (Foto: Staatsbetrieb Geobasisinformation und Vermessung Sachsen (GeoSN), farbliche Markierung durch Stadt Delitzsch, Bauplanungsamt).

Die Umsetzung weiterer Rückbaumaßnahmen im Stadtgebiet von Delitzsch erforderte ein Nachdenken über künftige Nutzungsmöglichkeiten frei werdender Grundstücksflächen. Da die weitere Nachnutzung als Grünflächen weder durch die Stadt Delitzsch noch durch die am Stadtumbauprozess beteiligten Wohnungsgesellschaften zu leisten ist, wurde ein differenziertes und nachhaltiges Nachnutzungskonzept entwickelt. Im Einzelnen waren dabei mehrere Zielvorgaben zu berücksichtigen. Die Stadt Delitzsch wird dort, wo es städtebaulich sinnvoll erscheint, frei werdende Flächen wieder für den privaten Wohnungsbau bereitstellen und damit preiswertes Bauland für junge Familien ermöglichen. Im Jahre 2012 wurde erstmals dieses Konzept im Stadtgebiet Ost umgesetzt, wo auf den Rückbauflächen ehemaliger Blockwohnbauten Bauparzellen für den individuellen Einfamilienhausbau ausgewiesen wurden. Innerhalb von nur wenigen Wochen waren Grundstücke veräußert und zum großen Teil 2013 bereits bebaut.

Im Wohngebiet Nord wurde dagegen ein anderer Weg eingeschlagen, denn die vornehmlich in den 1980er Jahren entstandene Bebauung war städtebaulich sehr viel enger angelegt. So lag es nahe, die dortigen Rückbauflächen im Wohngebiet keiner Bebauung zuzuführen. Größere zusammenhängende Flächen in diesem Wohngebiet sind aus vorgenannten Gründen künftig als pflegeleichte Erholungs- und Aufenthaltsbereiche mit einem erhöhten Baumbestand zur Verbesserung des Stadtklimas zu entwickeln.

Einen dritten Weg schlug man planerisch im Stadtgebiet Süd an der Richard-Wagner-Straße ein. Da in der dortigen Umgebung mittelständische Gewerbeunternehmen dominieren, kam eine Wohnbebauung nicht mehr infrage. Die um 1976 erbauten vier Wohnblöcke an der Richard-Wagner-Straße wurden 2011 abgebrochen und die frei gewordene Fläche steht nunmehr für eine gewerbliche Nutzung oder für den Dienstleistungsbereich zur Verfügung. Durch diese städtebaulichen Vorgaben erhalten die Wohnungsunternehmen, die sich am Stadtumbauprozess beteiligen, Planungssicherheit und einen finanziellen Ausgleich durch den Verkauf frei werdender Grundstücksflächen. Durch die Bereitstellung der durch den Rückbau freiwerdenden Flächen für den privaten Wohnungsbau bzw. für gewerbliche Ansiedlungen können Neuerschließungen von Wohn- und Gewerbeflächen und die Anpassung der Infrastruktur im Stadtgebiet erheblich reduziert werden. Dies schont nicht nur Ressourcen, sondern ist klassisches nachhaltiges Handeln. Die Anlegung großflächiger parkähnlicher Erholungsflächen mit einem erhöhten Baumbestand verringert langfristig die Pflege- und Unterhaltungskosten für die Stadt Delitzsch, leistet zudem einen erheblichen Beitrag zur Reduzierung von Kohlendioxid und dient der Verbesserung der Aufenthaltsqualität im Stadtgebiet.

Zur Sicherung der Daseinsfürsorge in den zentralen Siedlungsbereichen sind neben der Bereitstellung von ausreichendem Wohnraum auch soziale und wirtschaftliche Funktionen dauerhaft zu gewährleisten. Die Sanierung der Kindereinrichtungen, Grundschulen, Verkehrsinfrastruktur und die Sicherung einer fußläufigen Nahversorgung in den Stadtumbaugebieten bietet gleichwertige Lebensverhältnisse in allen Teilräumen des Stadtgebiets von Delitzsch. Als eines der ersten Objekte im Stadtumbaugebiet Nord-West erfolgte in den Jahren 2005 bis 2006 der Umbau der ehemaligen Mittelschule Delitzsch West in ein Bildungs- und Integrationszentrum. Mit Mitteln aus dem *Europäischen Fond für Regionale Entwicklung* (EFRE) konnte ein vollständiger Rückbau des um 1988 errichteten Schulgebäudes abgewendet und so ein offenes Haus für Menschen mit Bildungsdefiziten und Integrationsschwierigkeiten geschaffen werden. Die *Regionale Initiative Delitzsch e. V.* als Betreiber der Einrichtung bietet heute neben den eigenen Weiterbildungsschwerpunkten der *Kreativwerkstatt Delitzsch e. V.*, dem Radsportverein *Germania* und der *Volkssolidarität Kreisverband Delitzsch e. V.* anspruchsvolle Räume für ihre Vereinstätigkeiten.

Beispielgebend für weitere erfolgreiche Maßnahmen im Stadtgebiet Nord seien hier die Sanierung der Kindertagesstätten *Bummi* und *Sonnenland*, das *Soziokulturelle Zentrum* und die Sanierung der *Grundschule am Rosenweg* mit einem barrierefreien Zugang zu nennen. Im Stadtumbaugebiet Delitzsch Ost wurden durch die Sanierung der Kindertagesstätten *Freundschaft* und *Sankt Franziskus* sowie der *Grundschule Delitzsch Ost* und dem Neubau einer Zweifelder-Sporthalle die Angebote für eine schulische, kulturelle und sportliche Bildung langfristig gesichert. Mit der Etablierung eines zentralen Versorgungsbereichs in der Johannes-R.-Becher-Straße konnten wohnortnahe Einkaufsmöglichkeiten und soziale Dienstleistungen bereitgestellt und so auf die Bedürfnisse einer älter werdenden Bevölkerung in diesem Stadtteil eingegangen werden.

Zentrales Thema in Delitzsch ist die Weiterentwicklung des Stadtgefüges hin zu einer kompakten Stadt der kurzen Wege unter Berücksichtigung des Mobilitätsverhaltens und der Anpassung des Wohnungsbestands an eine sich verändernde älter werdende Bevölkerungsstruktur. Anforderungen an einen behindertengerechten Zugang zu öffentlichen Einrichtungen zur Teilnahme am gesellschaftlichen Leben stehen dabei ebenso im Blickfeld der Stadtplanung, wie Maßnahmen zur Energieeinsparung und zum Klimaschutz.

Ein weiterer Schwerpunkt kristallisierte sich durch die ganzheitliche Betrachtung energieeffizienter Maßnahmen mit denen städtebaulicher Veränderungs- und Anpassungsprozesse heraus. Sie basieren auf kommunalpolitisch gewollten Beschlüssen des Delitzscher Stadtrats, wonach regionale Energiekreisläufe nicht allein auf eine zentrale Versorgung hinauslaufen sollen. Ein wichtiger Mosaikstein in der nachhaltigen Stadtentwicklung konnte beginnend ab 2011 mit der »Erarbeitung eines integrierten Quartierskonzepts für soziale Einrichtungen in kommunaler Trägerschaft im Stadtteil Delitzsch-Nord« hinzugefügt werden. Dabei stand eine komplexe Untersuchung zur energetischen Quartiersbetrachtung im Vordergrund. Gemeinsam mit dem *Referat 54 Städtebau und EU-Förderung* des *Sächsischen Staatsministeriums des Innern* reichte die Stadt einen Projektvorschlag für ein solches Konzept ein. Dabei sollten die *Mittelschule Nord* mit Sporthalle, die Kindertagesstätte *Bummi*, das *Soziokulturelle Zentrum* mit dem Mehrgenerationenhaus sowie weitere umliegende Gebäude untersucht werden. Die ingenieurtechnische Aufgabenstellung umfasste die komplexe Betrachtung zur deutlichen Steigerung der Energieeffizienz insbesondere zur Fernwärmeversorgung unter Berücksichtigung der kommunalen Ziele sowie der Kohlendioxidminderung im Quartier; Aussagen zu Kosten, zur Machbarkeit und Wirtschaftlichkeit von Sanierungsmaßnahmen; Ableitung einer Maßnahme konkreten Konzeption mit Prioritätenbildung und Zeitenplan.[1] Das Projekt erfuhr eine Förderung über das Programm 432 der *Kreditanstalt für Wiederaufbau* (KfW). Im Ergebnis kann festgestellt werden, dass die Betriebskosten um bis zu 50 % niedriger gegenüber einer herkömmlichen Gasheizung liegen.

Für die Umsetzung der energiepolitischen Ziele hat sich die Stadtverwaltung Delitzsch durch den Erlass einer Richtlinie für energieeffizientes Bauen und Sanieren eigene Maßstäbe für die Realisierung gegeben. So konnte beispielsweise durch den Einsatz einer Erdwärmeheizung nach Sanierung eines Denkmals zur Stadtbibliothek nachhaltig Energie eingespart werden. Weitere Beispiele auf dem Weg zur energieeffizienten Stadt sind die Photovoltaikanlage auf dem Dach des Bürgerhauses zur Eigenstromversorgung, die PV-Anlage auf dem Dach der *Grundschule Delitzsch Ost* und die Erdwärmeheizung in der Kindertagesstätte *Zauberhaus*. Ergänzt werden diese Maßnahmen auf privaten Gebäuden durch zahlreiche Kleinstanlagen im Bereich des individuellen Wohnungsbaus. Notwendig für ein umfassendes Gelingen ist dabei ein ganzheitlicher Ansatz. Dazu gehört das Erkennen der Stärken in der vorhandenen städtebaulichen Situation, insbesondere dessen, was eine Stadt unverwechselbar macht.

Ebenso unumgänglich ist der verantwortungsvolle Umgang mit der denkmalpflegerisch wertvollen Bausubstanz, die besonders in den neuen Bundesländern notwendig gewesene Re-Urbanisierung der dem Verfall preisgegebenen und verlassenen Alt- und Innenstädten sowie die Verknüpfung des Rückbaus vom Stadtrand hin zur Verdichtung der Innenstadt. Verdeutlichen lässt sich diese Entwicklung in Delitzsch am besten am Beispiel der Altstadt. War dieser Stadtteil bis Mitte der 1990er Jahre noch weitestgehend von Bevölkerungsverlusten durch Abwanderung, leerstehenden und verfallenen Gebäuden sowie Baulücken geprägt, so änderte sich diese Entwicklung zunehmend mit der fortschreitenden Sanierung des Gebäudebestands und der Infrastruktur. Durch die Festsetzung eines Sanierungs- und Erhaltungsgebiets (vgl. Abb. 4) im Jahr 1991 wurden die Grundlage und der finanzielle Rahmen für den Erhalt und die Entwicklung der historischen Delitzscher Altstadt als zentraler Bereich früherer und künftiger Stadtentwicklung geschaffen. Ganz bewusst entschied man sich dafür, einen Teil des finanziellen Haushalts für die Innenstadtsanierung einzusetzen, und dies konsequent bis zum Auslaufen des Programms im Jahre 2015.

1 Stadtratsbeschluss der Stadt Delitzsch Nr. 74/2011 vom 15. Dezember 2011.

Abb. 4: Sanierungs- und Erhaltungsgebiet in der Innenstadt (Foto: Staatsbetrieb Geobasisinformation und Vermessung Sachsen (GeoSN), farbliche Markierung durch Stadt Delitzsch, Bauplanungsamt).

Abb. 5: Ruinöser Bauzustand Ecke Schloß-/Hallesche Straße (Foto: Manfred Wilde)

Abb. 6: Architekt, Geschäftsführer und Oberbürgermeister (von rechts) vor dem Neubau Lückenschließung Altstadtquartier in der Halleschen Straße/Schlossstraße, 2011 (Foto: Stadt Delitzsch).

Die Wiederbelebung und Re-Urbanisierung der Delitzscher Alt- und Innenstadt bildete seit 1991 einen Schwerpunkt der kommunalen Handlungsstrategie. Man muss sich nur vergegenwärtigen, dass um 1990 ein Großteil der Häuser ruinös und daher unbewohnt war (vgl. Abb. 5). Mit Unterstützung aus Mitteln der Altstadtsanierung konnten zunächst zahlreiche Häuser saniert und Baulücken durch Neubauten geschlossen werden. Im Ergebnis dieser ganzheitlichen Vorgehensweise konnte eine Verdichtung der Innenstadtbereiche in städtebaulicher Hinsicht wie auch in Bezug auf die Einwohnerzahl erreicht werden. Eine Stadt kurzer Wege, die auch den Erfordernissen von Behinderten in einer älter werdenden Gesellschaft gerecht wird, kann so wieder entstehen. Gleiches gilt für Entfernungen zu den Kindertagesstätten und Schulen, zum Arzt, zur Apotheke sowie den Freizeit- und Kultureinrichtungen. Dauerhaft verbleibende Bausubstanz wird attraktiv modernisiert und das Wohnumfeld verbessert.

Ausschlaggebend für den Bevölkerungszuwachs im innerstädtischen Gebiet war und ist die Bereitstellung unterschiedlichster Wohnungstypen entsprechend der Wohnbedürfnisse einer breiten Bevölkerungsschicht. So konnten leerstehende Gebäude und unbebaute Grundstücke, die sich negativ auf eine Quartiersentwicklung der Innenstadt auswirkten, durch Sanierungs- und Neubaumaßnahmen für den Wohnungsmarkt zur Verfügung gestellt werden (vgl. Abb. 6). Bei der Umsetzung einer nachhaltigen Wohnraumversorgung müssen soziale und ökologische Belange genauso Berücksichtigung finden, wie energetische und städtebauliche Vorgaben. So konnten die Sanierung und Modernisierung von Wohngebäuden, Schulen, Kindertagesstätten sowie Freizeit- und Sportanlagen, aber auch die Sicherung historischer Gebäude und der Rückbau von ruinösen baulichen Anlagen auf verwahrlosten Grundstücken im innerstädtischen Bereich mithilfe unterschiedlichster Förderprogramme unterstützt werden. War noch um 1990 die Innenstadt aufgrund ihres Verfalls von hohem Leerstand geprägt, zeigt sie sich heute als attraktiver Wohnstandort für alle Bevölkerungsgruppen. Ein anhaltender Zuzug seit mehreren Jahren verdeutlicht, dass die Sanierung des historischen Zentrums gelungen ist und die Nachfrage nach qualitativ hochwertigem Wohnraum auch durch junge Familien in der Innenstadt zunimmt. Vor 1990 lebten im Stadtteil Mitte 5 883 Einwohner, dieser Stadtteil verlor vor der Wende auf Grund der vorhandenen baulichen Missstände eine erhebliche Anzahl an Bewohnern. Diese Verluste konnten nach erfolgreichen Sanierungsmaßnahmen und der Bereitstellung von modernen auf den Bedarf zugeschnittenen Wohneinheiten ausgeglichen werden. Zum Ende des Jahres 2012 lebten mit steigender Tendenz bereits wieder 6 123 Einwohner in diesem Stadtteil.

Abb. 7: Wohnkomplex der Wohnungsgenossenschaft »Aufbau« eG. in der Nordstraße (Foto: Stadt Delitzsch)

Ein Schritt wurde nach 2001 mit dem Rückbau der alten in der Nordstraße gelegenen brachliegenden Molkerei gemacht. Nach deren Abbruch errichtete dort die *Wohnungsbaugenossenschaft »Aufbau«* einen modernen Wohnkomplex (vgl. Abb. 7), der heute zu den beliebtesten innerstädtischen Wohngebieten gehört. Ein Gartenbereich und ein Spielplatz machen die Wohnungen auch für junge Familien interessant, nicht zuletzt auch deshalb, weil sich in unmittelbarer Nähe auch eine Kindertagesstätte, das Krankenhaus und ein Ärztehaus befinden.

Ein weiteres Beispiel folgte im Zeitraum 2009 bis 2011. Nach dem Rückbau ruinöser Gebäude im Bereich der Halleschen-/Schloßstraße konnte ein moderner Wohnkomplex mit 24 hochwertigen Wohneinheiten unter Berücksichtigung städtebaulich relevanter Gestaltungsvorgaben und einer Erdwärmeheizung nach neuestem Standard durch die kommunale Wohnungsgesellschaft errichtet werden. Bereits vor Fertigstellung der Wohnanlage waren alle Wohnungen mietseitig vergeben, was wiederum den Bedarf an hochwertigem und ökologisch orientiertem Wohnraum verdeutlicht. Mit den integrierten Tiefgaragenstellplätzen konnte auch ein aufgrund der besonderen städtebaulichen Situation erklärbares Defizit an PKW-Stellplätzen minimiert werden. Aufbauend auf diesem Ergebnis entschied sich die kommunale Wohnungsgesellschaft im innerstädtischen Bereich dafür, das Areal der ehemaligen und seit Mitte der 1990er Jahre ungenutzt stehenden Limonadenfabrik zu erwerben und dieses als Wohnkomplex neu zu entwickeln. Nach dem Rückbau der nicht mehr sanierungswürdigen Bausubstanz im Jahr 2013 wird im Frühjahr 2014 mit der Errichtung von 40 barrierefreien Mietwohnungen nach modernstem Standard begonnen. Durch die Einbindung der kommunalen Wohnungsgesellschaft in den Stadtumbauprozess war es der Stadt gelungen, innerstädtische Gebiete mit erheblichen Missständen durch die Beseitigung von Brachflächen und einer unmittelbaren Folgenutzung aufzuwerten und einer weiteren Flächeninanspruchnahme von Bodenressourcen entgegenzuwirken. Die Wiedernutzbarmachung potenzieller Bauflächen durch Baulückenschließung, die Beseitigung von Brachflächen und Schrottimmobilien in der Stadt Delitzsch bleibt weiterhin ein Schwerpunkt der städtebaulichen Entwicklung in den kommenden Jahren. Nicht zuletzt tragen städtebaulich funktionale Kriterien, wie die Entwicklung zentraler Versorgungsbereiche und die Aufrechterhaltung kultureller und sozialer Einrichtungen zu einer nachhaltigen Stadtentwicklung bei. Die Delitzscher Geschäftsstraßen vom Markt bis zum Bahnhof verdeutlichen eindrucksvoll, wie komplex über mehrere Jahre hinweg sich zentrale Versorgungsbereiche weiterentwickeln und mit welcher Vielzahl äußerer Einflüsse diese Bereiche konfrontiert werden. Neben den städtebaulichen Kriterien, wie Leerstandsentwicklung, Gestaltung öffentlicher Räume und Flächenentwicklung, sind hier insbesondere die Kriterien zu nennen, die regional nicht beeinflussbar sind. Dazu gehören der zunehmende E-Commerce-Handel sowie die unmittelbare Nähe zu den Oberzentren Leipzig und Halle, die kaufkraftabschöpfend wirken. Trotzdem überwiegen aufgrund der sehr guten Verkehrsanbindungen und der Vielzahl attraktiver Arbeitsplatzmöglichkeiten die positiven Seiten für den Wohnstandort und das Mittelzentrum Delitzsch. Hier gilt es in den kommenden Jahren sicherzustellen, dass die in der Einzelhandelskonzeption festgelegten Versorgungsbereiche ihrer städtebaulichen Funktion nachkommen können und eine fußläufige Nahversorgung in allen Stadtteilen gewährleistet werden kann. Mit der Sanierung des Barockschlosses und der Neuanlegung des angrenzenden Barockgartens wurde in den 1990er Jahren der Grundstein für eine sich entwickelnde Kulturlandschaft in der Delitzscher Innenstadt gelegt. Die Neuansiedlung der Stadtbibliothek in der Altstadt, die Sanierung der evangelischen Stadtkirche und der 1,4 Kilometer langen mittelalterlichen Stadtmauer einschließlich der beiden Wehrtürme, bereichern die kulturelle Landschaft ebenso, wie die Neueinrichtung eines Kinos am Markt und das gastronomische Angebot. Die Stadt Delitzsch bildet heute im Tourismusgebiet des Leipziger Neuseenlands einen Schwerpunkt, der sich insbesondere durch die – für den mitteldeutschen Raum einmalige erhaltene – mittelalterliche Wehranlage und im Kontext mit der vorrangig aus dem 16. und 17. Jahrhundert stammenden Gebäudesubstanz erklärt.

Die Thematik »Verkehrsentwicklung und Stadtstruktur« gewinnt zunehmend an Bedeutung bei der Verkehrsvermeidung und der lokalen Eingrenzung von Umweltbelastungen. Kompakte urbane Stadträume bieten hierbei die höchste Mobilität durch die Vielzahl an Auswahlmöglichkeiten, Wegstrecken zurückzulegen. Kompakte Stadtstrukturen ermöglichen verkürzte Wege, die den ökologischen Gedanken zur Überwindung kurzer Distanzen für Fußgänger und Radfahrer interessant werden lassen. Neben der grundhaften Erneuerung der technischen Infrastruktur wurde auch die Verkehrsinfrastruktur in der Altstadt in den vergangenen 20 Jahren vollständig saniert. Bei der Straßeninstandsetzung in der gesamten Altstadt wurde nach denkmalpflegerischen Gesichtspunkten das vorhandene Natursteinpflaster durch neue Natursteinpflasterbeläge ergänzt.

Der gewählte Ausbau und die Materialwahl waren aus Sicht der Denkmalpflege und des Städtebaus zum damaligen Zeitpunkt als richtig einzustufen. Unter heutiger Betrachtungsweise muss jedoch objektiv eingeschätzt werden, dass die Nachhaltigkeit in Bezug auf die demografische Entwicklung, insbesondere durch die Art des gewählten Belags bei der Straßeninstandsetzung im Altstadtgebiet nicht gegeben ist. Die Veränderungen im Nutzungsverhalten einer immer älter werdenden Gesellschaft und ein sich bei der Wahl der Verkehrsmittel zunehmend verändertes Verhalten in der Bevölkerung wurden zum Zeitpunkt der durchgeführten Sanierungsmaßnahmen nicht berücksichtigt. Insbesondere für die ältere Bevölkerung (Nutzung von Rollatoren), für junge Familien (Nutzung von Kinderwagen) und für Radfahrer stellt sich die Wahl des eingebauten Natursteinpflasters in der Altstadt nunmehr als Nachteil heraus. Nicht zuletzt spiegelt der damit verbundene erhöhte Verkehrslärm den nicht berücksichtigten, jedoch anstrebenswerten stadtverträglichen Straßenbau wider. Hier wird es in Zukunft ein Umdenken bei der Berücksichtigung denkmalpflegerischer Aspekte geben müssen, um die Mobilität nicht einzuschränken.

Hinsichtlich einer nachhaltigeren Verkehrsentwicklung leitete der Stadtrat der Stadt Delitzsch mit der Beschlussfassung zum Radverkehrskonzept 2012 eine Grundsatzentscheidung ein. Durch die Verlagerung des motorisierten Durchgangsverkehrs auf das ringartig um die Stadt Delitzsch in den vergangenen Jahren angelegte Verkehrsnetz, konnten der Verkehrslärm und die Staubbelastung im Stadtgebiet bereits erheblich gesenkt werden. Nicht zuletzt stellt der Ausbau des öffentlichen Personennahverkehrsnetzes (ÖPNV) eine wichtige Säule bei der Auswahl und Akzeptanz des Verkehrsmittels dar. Die Gestaltung des Bahnhofsumfelds und die Errichtung von Park-an-Ride-Plätzen sowie Bike-and-Ride-Plätzen im unmittelbaren Anschlussbereich zu den Bahnanlagen trugen maßgeblich zur Akzeptanz und Inanspruchnahme der ÖPNV-Dienstleistungen in der Bevölkerung bei. Durch die Neueröffnung des Servicepoints im unteren Bahnhof und die Anbindung der Stadt Delitzsch an das S-Bahnnetz des *Mitteldeutschen Verkehrsverbunds* am 14. Dezember 2013 erfuhr der ÖPNV eine weitere Attraktivitätssteigerung. Die Errichtung einer digitalen Fahrgastanzeige und eines weiteren Park-and-Ride Platzes im Jahr 2014 werden dieses Themenfeld abrunden.

Grundvoraussetzungen für eine verantwortungsvolle und nachhaltige Stadtentwicklung werden auch künftig eine integrierte Stadtentwicklungsplanung, die angemessene Bereitstellung finanzieller Mittel und die breite Beteiligung der Bürgerschaft für die Gestaltung einer lebenswerten in die Zukunft orientierten Stadt sein. Die Stadt Delitzsch mit ihrem gewachsenen Gefüge wird sich als wichtiges Mittelzentrum im Norden der Stadt Leipzig weiterentwickeln und dabei als Wohn- und Wirtschaftsstandort stetig an Anziehungskraft gewinnen. Eine nachhaltige städtebauliche Entwicklung bildet dafür eine wichtige Grundvoraussetzung.

Ricarda Steinbach

Nachhaltiges Wirtschaften in kommunalen Kreisläufen

Gewinnerzielung und Umsatzsteigerung bilden die übergeordneten Ziele unternehmerischen Handelns. Doch bereits seit der Ölkrise und des etwa zeitgleich im Auftrag des *Club of Rome* entstandenen Buches »Grenzen des Wachstums« aus dem Jahr 1972[1] wirkt ein Faktor auf das unternehmerische Handeln: Natürliche Ressourcen sind nicht grenzenlos verfügbar. Angesichts knapper Ressourcen und steigender Anforderungen an den Klimaschutz steigen die Kosten für unternehmerische Prozesse stetig. Verantwortlich agierende Unternehmen haben deshalb das Thema »Nachhaltigkeit« fest in ihrer Kultur verankert. Nachhaltiges Wirtschaften ist die Art und Weise, Gewinnerzielung mit einem sinkenden Ressourcenverbrauch in Einklang zu bringen.[2] Nachhaltiges Wirtschaften (vgl. Abb. 1) bezieht sich auf den gesamten Produktionsprozess und somit auf die Konsumenten, das Unternehmen und die bestehende Wirtschaftsordnung. Diese unternehmerischen Prozesse wirken auch im Mittelzentrum Delitzsch. In der Kommune werden Produktionsprozesse der Wirtschaft auf ihre Nachhaltigkeit hin beleuchtet.

Betrachtet man die Verfahren der Abfallwirtschaft und die steigenden Material-, Beschaffungs-, Energie- und Entsorgungskosten, ist das Thema »Nachhaltiges Wirtschaften« ein höchst aktuelles. Rohstoffkosten und Abfallkosten sind Produktionsfaktoren, die das unternehmerische Handeln beeinflussen. Primäre Ressourcen und Rohstoffe werden für den Produktionsprozess benötigt. Nachdem diese in den Verfahrensablauf eingegangen sind und ein neues Produkt entstanden ist, ergeben sich im Prozess Abfallprodukte und Reststoffe, die entsorgt oder weiterverwertet werden müssen. Um nachhaltig zu wirtschaften und Erträge zu optimieren, ist es notwendig, Abfallprodukte für die Produktion erneut nutzbar zu machen und die Energiekosten durch thermische Umwandlung der Abfälle zu senken. Als harte Standortfaktoren spielen Strom- und Gaspreise sowie Preise für Müllentsorgung in Delitzsch eine zentrale Rolle. Bei einer von *Handwerkskammern* und IHK durchgeführten Unternehmensbefragung zur Standortzufriedenheit waren die Unternehmen 2009 damit eher unzufrieden.[3] Der Markt der Abfallprodukte, die sowohl als Energie als auch als sekundärer Rohstoff wieder einfließen, ist gerade auch für den Standort Delitzsch interessant.

---

1 Meadows, Dennis L./Meadows, Donella H./Randers, Jørgen/Behrens, William W.: The Limits to Growth Universe Books, New York 1972. Deutsche Übersetzung von Hans-Dieter Heck unter dem Titel: Grenzen des Wachstums. Stuttgart 1972.

2 Definition Nachhaltiges Wirtschaften schafft Mehrwert für Alle – ökonomisch, sozial und ökologisch. http://www.vohrmann-consulting.de/nachhaltig-wirtschaften.html (letzter Aufruf: 11.12.2013).

3 Standortzufriedenheit Mitteldeutschland, Unternehmensbefragung im Jahr 2009, Einzelergebnisse der Stadt Delitzsch, http://www.leipzig.ihk.de/Portaldata/1/Resources/dokumente/01_sop/wipo/konjunktur/standortzufriedenheit/Stadt_Delitzsch.pdf.

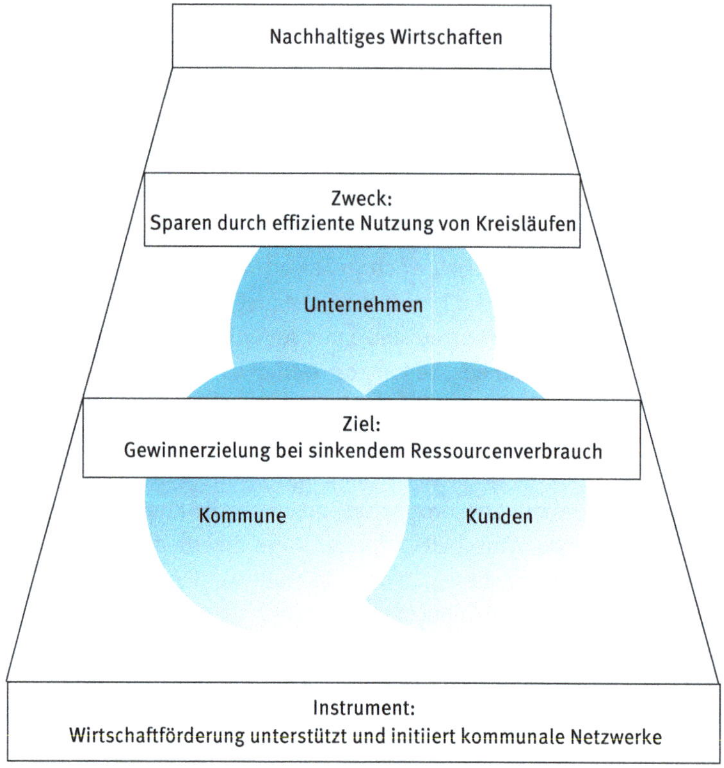

Abb. 1: Strategie des nachhaltigen Wirtschaftens (Grafik: Ricarda Steinbach).

Um einen wirtschaftlich attraktiven Standort zu erhalten, der für Unternehmen und Investoren reizvoll ist, muss die kommunale Wirtschaftsförderung das Thema »Nachhaltigkeit« ernst nehmen. Die zuvor beschriebenen Themenfelder werden anhand der kommunalen Kreisläufe bewertet. Ziel der kommunalen Wirtschaftsförderung ist es, den lokalen Standort weiterzuentwickeln und die unternehmerischen Prozesse vor Ort zu stärken, um einen wirtschaftlich stabilen Standort zu schaffen. Dazu wurde, wie im Leitbild der Stadt Delitzsch verankert, eine leistungsfähige und an den aktuellen Anforderungen ausgerichtete Wirtschaftsförderung geschaffen.[4] In Bezug auf die Nachhaltigkeit fördert eine leistungsfähige und moderne Wirtschaftsförderung eines Mittelzentrums kommunale Netzwerke, um durch kurze Wege unternehmerische Verbindungen und nachhaltiges Wirtschaften zu optimieren. Eines der in Delitzsch angebotenen Formate ist das branchenübergreifende Unternehmertreffen »Wirtschaft trifft Verwaltung«, welches ein gegenseitiges Kennenlernen ermöglichen und die Bildung von Partnerschaften unterstützen möchte. Nachhalti-

4 Delitzsch 2015 – eine Stadt im Wandel, Kapitel 8, http://www.delitzsch.de/dz.site,postext,leitbild2015.html.

ge Wirtschaftsförderung bezieht sich auf den Preis, das eigene Image und die Attraktivität in den harten Standortfaktoren wie Energiepreise und Abfallentsorgung. Ziel des Unternehmertreffens ist die Kontaktvermittlung des kommunalen Energieversorgers mit den Unternehmen einer stark energieverbrauchenden Branche, um die Möglichkeiten von Contracting[5] zu besprechen.

Harte Standortfaktoren wie Entsorgungskosten und Energiepreise genauer zu betrachten und infrastrukturelle Bedingungen zu stabilisieren, ist ebenfalls Aufgabe der städtischen Wirtschaftsförderung. Delitzsch hat 2012 sein Leitbild um zusätzliche energiepolitische Aspekte erweitert. Das Referat für Wirtschaftsförderung wurde bewusst gestärkt, indem es den Bereich »Energieeffiziente Stadt Delitzsch« zugeordnet bekam. Auf diese Weise wurden die Themen »Effizienz« und »Nachhaltigkeit« im Image der Stadt Delitzsch etabliert. Fortschrittliche Energiepolitik zur Erreichung von mehr erneuerbaren Energien und mehr Energieeffizienz ist ein Schwerpunktarbeitsbereich der Stadt, was aktiv als wirtschaftlicher Standortvorteil kommuniziert wird. Die Energienutzung durch die Industrie und das Gewerbe erfolgt bereits vergleichsweise effizient. Gerade energieintensive Unternehmen wie die *URSA Dämmstoffwerke* haben eigene Energieeffizienzberater, da es aus betriebswirtschaftlichen Gründen im direkten Interesse der jeweiligen Unternehmen liegt, ihren Energieverbrauch zu senken. Die Stadt möchte mit gutem Beispiel vorangehen und gezielt die lokale und regionale Wertschöpfungskette stärken. Die Stadt unterstützt Unternehmen in ihrem energiepolitischen Verhalten durch entsprechende Netzwerke, durch Öffentlichkeitsarbeit und die städtische Vorbildwirkung. Der Bereich des Energieeffizienzmanagers und Möglichkeiten energieeffizienter Dienstleistungen wurden beim Branchenstammtisch »Immobilien und Bauwirtschaft« vorgestellt. Die große Kreisstadt Delitzsch fühlt sich dem Klimaschutz bzw. der nachhaltigen Entwicklung verpflichtet und sieht Energiepolitik als wesentlichen Bestandteil zur Erreichung klimapolitischer Ziele. Ökonomie und Ökologie können durch Energie- und Klimaschutzpolitik sinnvoll in Einklang gebracht werden, d. h., der Energieverbrauch kann durch intelligentes Management gesenkt und durch erneuerbare Energien substituiert werden, ohne dabei das Wohlstandsniveau abzusenken. Gleichzeitig wird so ein Beitrag zur Gesundheitsvorsorge und zu mehr städtischer Lebensqualität in Delitzsch geleistet. Wichtigste Säulen sind dabei der Ersatz fossiler Ressourcen durch regenerative Energien.[6] Am Beispiel des Industrie- und Gewerbegebiets »Delitzsch-Südwest« kann dies illustriert werden. Es wurde ein 34 Megawatt Solarkraftwerk im Industriegebiet errichtet (vgl. Abb. 2).

---

5 Definition »Contracting« = «Vertragsmachung« (aus dem Englischen die Kontrahierung bzw. adjektivisch vertragschließend) ist die Übertragung von eigenen Aufgaben im Bereich der Energie auf einen Dienstleister, den Contractor, http://www.mp-gruppe.de/upload/presse/pdf_veroeffentlichungen/Artikel_Definition_und_Grundlagen_aus_Contracting_11.pdf (letzter Aufruf: 22.03.2014).

6 Delitzsch 2015 – eine Stadt im Wandel, Kapitel 8, http://www.delitzsch.de/dz.site,postext,leitbild2015.html (letzter Aufruf: 06.03.2014).

Abb. 2: Solarkraftwerk der EnerParc AG im Industriegebiet »Delitzsch Südwest« (Foto: Christian Maurer, Stadt Delitzsch).

Nachteilig bei der Stromerzeugung über regenerativen Energieträger ist die unzureichend vorhandene Speichertechnologie, sodass die kommunalen Mittelspannungsnetze stark belastet werden. Diese Faktoren konnten bei der Ansiedelung berücksichtigt werden. Die Anlage der *EnerParc AG* konnte direkt an einer vorhandenen Hochspannungsleitung angesiedelt werden und belastet nicht das kommunale Mittelspannungsnetz. Daraus ergaben sich zwei Vorteile. Einerseits konnte eine zusätzliche Belastung des kommunalen Energienetzes vermieden werden, andererseits konnte die sehr kostenaufwändige infrastrukturelle Erschließung eines großen Teilgebiets unterbleiben, was wiederum eine Schonung der Ressourcen nach sich zog.

Effizienzsteigerungen sind aber von der Erzeugung über die Verteilung und bis hin zur Nutzung der Energie möglich und sollten entsprechend vorangetrieben werden.[7] Prozesswärme optimal zu nutzen, ist gerade im Gewerbegebiet »Delitzsch-Südwest« ein aktuelles Thema. Das Industriegebiet ist neben einem Solarkraftwerk mit einem Biomassekraftwerk ausgestattet. Dort besteht jedoch Optimierungsbedarf, der vorwiegend darin begründet ist, dass vor Ort angesiedelte internationale Unternehmen wie das spanische Unternehmen URSA oder das irische Unternehmen *Smurfit Kappa* ihre wirtschaftlichen Entscheidungen nicht am Standort Delitzsch treffen, sondern diese international unter der Maßgabe der Effizienz und Nachhaltigkeit getroffen werden. Zumeist wird nur eine Kostenstelle im Produktionsprozess analysiert. Hier beeinflussen zentralistische unternehmerische Prozesse das nachhaltige Wirtschaften und setzen der regionalen Effizienz und Nachhaltigkeit Grenzen. Es besteht eine Diskrepanz zwischen dem globalen Handlungsspielraum und der optimalen lokalen Ausnutzung lokaler Kreisläufe. Unternehmerische Entscheidungen sind im Werk zentral organisiert, Entscheidungen zur Prozessoptimierung werden nicht für das Werk vor Ort getroffen, sondern hierarchisch für das gesamte

7 Städtebauliche Entwicklungskonzept(SEKO) der Stadt Delitzsch, Stand 26.02.2009.

Unternehmen. Dadurch gelang es beispielsweise 2011 der *Biomassekraftwerk Delitzsch GmbH*[8] nicht, die eigene Prozesswärme an die umliegenden Unternehmen im Industriegebiet zu verkaufen. Die 1996 begonnene Ansiedlung von Unternehmen im neuen Industrie- und Gewerbegebiet erfolgte über zehn Jahre hinweg in unterschiedlichen Stufen, ohne dass man zunächst versuchte, eine strategische Optimierung der Versorgungsprozesse versucht hat, kommunal zu steuern oder entsprechende Anregungen zu geben. Nach Analyse dieser Nichtausschöpfung von Potenzialen steht dieses Ziel nunmehr seit 2008 mit im Mittelpunkt des Infrastrukturangebots für dieses Gebiet.

Harte Standortfaktoren sind neben Preisen für Flächen auch die Prozesskosten des Unternehmens im Bereich der Energie-, Material, Beschaffungs- und Entsorgungskosten. Effizienz und Nachhaltigkeit bedeutet auch, den gesamten Lebenszyklus unternehmerischen Handelns zu berücksichtigen. In Delitzsch arbeiten Firmen, die ganz bewusst ihre unternehmerische Entscheidung auf Grundlage des unternehmerischen Umfelds der regionalen Wirtschaftskreisläufe getroffen haben. Gemeinsames Ziel der Wirtschaftsförderung und der Unternehmen ist aufgrund des zunehmenden Kostendrucks, mit lokalen Partnern zusammenzuarbeiten und nachhaltig in kommunalen Kreisläufen zu wirtschaften, um Prozessabläufe effizienter zu gestalten. In Delitzsch finden zu diesem Zweck regelmäßiger Arbeitsbesuche der Wirtschaftsförderung statt. Durch diese können Unternehmer aus unterschiedlichen Bereichen zusammengebracht werden und deren Bedarfe analysiert werden. So lernten sich dabei beispielsweise der Geschäftsführer des in Delitzsch ansässigen Internet-Feinkosthandels *Ebrosia GmbH* und der Werksleiter der *Smurfit Kappa GmbH* kennen, woraus die Planung und Umsetzung einer idealen Verpackung für den individualisierten Weinversand entstand. In Delitzsch wird mit dem Image der kurzen Wege geworben, denn gerade in einem Mittelzentrum findet sich die ideale Verbindung zwischen Möglichkeiten und Durchsetzungsfähigkeit, sodass regionale Kreisläufe optimal genutzt werden können.

Ein weiteres interessantes Thema für den Industrie- und Gewerbestandort in Delitzsch ist das Recyceln von Abfall- und Restwertstoffen. Gerade in Delitzsch erfolgt das damit verbundene nachhaltige Wirtschaften und die Nutzung der städtischen Strukturen, welches aufgrund seines Standortes und Images Firmen bündelt, die im Verwertungs- und Aufwertungsbereich arbeiten. Beispielhaft seien hier der *Mineralölhandel Hans Schmidt GmbH und Co.KG* und die *Kreiswerke Delitzsch GmbH* genannt.[9] Wirtschaftliche Beziehungen zwischen den vor Ort ansässigen Abfallverwertern und Abfallproduzenten sind immer dann sinnvoll, wenn sich daraus ein regionaler Wertstoffkreislauf generieren lässt (vgl. Abb. 3).

---

8 Im Jahre 2011 erwarb die Danpower GmbH von der Dalkia GmbH das Tochterunternehmen Biomassekraftwerk Delitzsch GmbH.

9 Mitteilung Hanns-Michael Oßwald (Mineralölhandel Schmidt) 22. August 2013 und Karl-Heinz Böhmer (Kreiswerke Delitzsch GmbH) 11. Juni 2013.

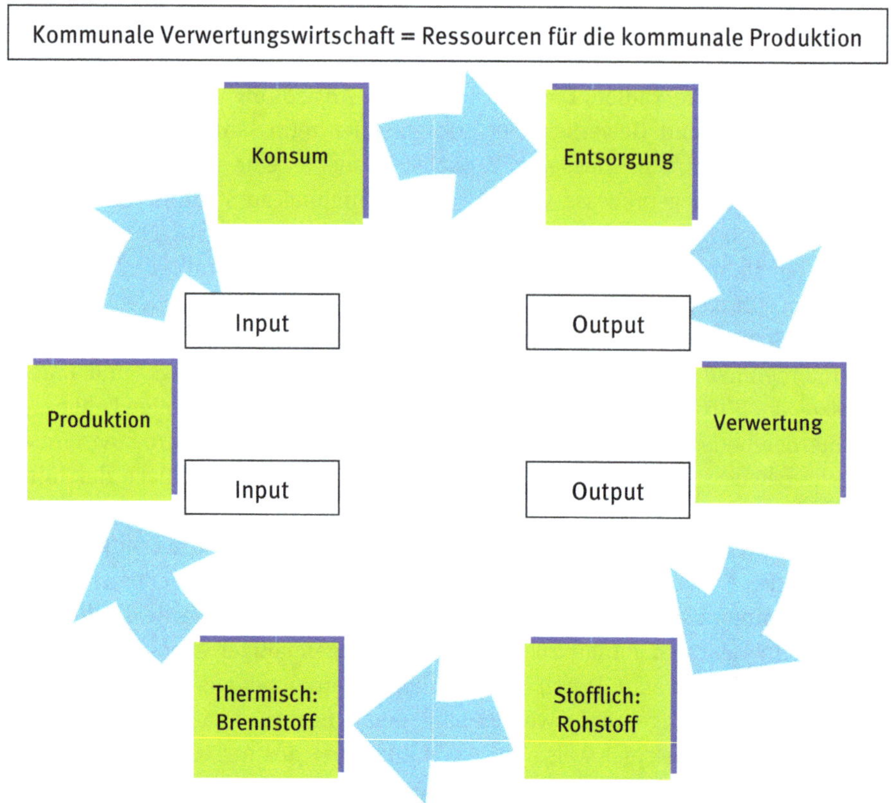

Abb. 3: Kommunaler Verwertungskreislauf (Grafik: Ricarda Steinbach).

Der Recyclingbereich und damit die stoffliche Verwertung einerseits bzw. die thermische Verbrennung andererseits sind ein Delitzscher Beispiel für eine regionale Kreislaufwirtschaft. Hinzu kommen die gestiegenen Anforderungen im Zusammenhang mit dem Umweltschutz. Die komplexe Struktur bei den Verwertungsmöglichkeiten von Gebrauchtölen und Abfallstoffen wird am Beispiel der sich 1997 neu im Industrie- und Gewerbegebiet Delitzsch-Südwest niedergelassenen Betriebsstätte der *Mineralölhandel Hans Schmidt GmbH & Co. KG.* dargestellt. In den insgesamt 13 Niederlassungen werden sämtliche heute anerkannten Verwertungsmöglichkeiten von Gebrauchtölen, Altreifen, Batterien und weiteren Mischabfallstoffen konsequent ausgeschöpft. Dazu gehören auch eigene Recyclinganlagen für Ölfilter, Kunststoffgebinde und Stoßdämpfer, die fach- und umweltgerecht die Stoffe verwertbar trennen und aufspalten. Einer der Hauptlieferanten, und damit Kunde für alte verbrauchte Ölfilter, ist die Bundespolizeiabteilung mit ihrem Fahrzeugpark in der nur etwa 20 km entfernt gelegenen Stadt Bad Düben. Aus den Altölen erzeugt die *Mineralölhandel Hans Schmidt GmbH & Co. KG* beispielsweise durch eine zweite Raffinade eine Qualität des Öls, welches eine andere Konsistenz besitzt und als Hydraulik- bzw. Getriebeöl wiederverwendet werden kann.

Eine weitere Kooperation besteht mit den *Kreiswerken Delitzsch GmbH*, die Abfallreste von Autos verwertet.

Das Recyceln von primären Rohstoffen und die Nutzung von sekundären Rohstoffen sind im KFZ-Bereich brandaktuell. In der Abfallverwertung im Kundenbereich »Automobilbranche« findet eine Zusammenarbeit mit dem direkten Nachbarn der *Kreiswerke Delitzsch* statt. Die Firma *Hans Schmidt GmbH und Co. KG* hat sich mit einer Niederlassung 1997 aufgrund der Standorte der chemischen Industrie im nahegelegenen Leuna und Bitterfeld in Delitzsch angesiedelt. Hinzu kamen die nur wenige Kilometer entfernt zwischen Delitzsch und Leipzig neu entstandenen Produktionsstandorte von BMW und Porsche. Die im Industrie- und Gewerbegebiet *Delitzsch Südwest* ansässige Öl- und Abfallverwertungsfirma agiert im Radius von 100 km mit eigenem Logistikbereich. Denn die Rahmenrichtlinien des Umweltschutzes erfordern Zuverlässigkeit in der Handhabung der Technik und Produktionsabläufe. Der Betrieb arbeitet nach den Richtlinien des Qualitätsmanagementsystems DIN EN ISO 9001 und des Umweltmanagementsystems DIN EN ISO 14001 und ist damit als Entsorgungsfachbetrieb gemäß § 52 KrW-/AbfG zertifiziert. Zahlreiche Autowerkstätten, Reparaturbetriebe und Busunternehmen, wie beispielsweise die Delitzscher Firma *Webel*, der Stadt und der Region sind heute Kunden bei diesem Entsorgungs- und Verarbeitungsbetrieb, nicht zuletzt auch durch die Prozesseffizienz, der Nachprüfbarkeit der Qualität und das persönliche Netzwerk. Der persönliche Kontakt ist ein Ergebnis der von der Stadt Delitzsch angebotene Veranstaltungsreihe »Wirtschaft trifft Verwaltung«.

Auf Basis dieser Veranstaltung entstand auch der Netzwerkerfahrungsaustausch des Entsorgers mit den im Gewerbegebiet »Am Ziehwerk« in Delitzsch ansässigen Firmen *Bioversal Deutschland GmbH* und der *Industrietechnik Frank Schneider GmbH*. Während die eine Firma flüssige Sicherheits- und Reinigungsprodukte für den Öl- und Feuerwehreinsatz produziert, die gefahrstofffrei ausgelaufene Öl- und Dieselrückstände abbauen können, stellt der andere Betrieb Industriedichtungen für chemische Medien aller Art her. So können Vertreter aller drei Firmen vom gegenseitigen Erfahrungsaustausch profitieren.

Die im Jahre 2012 vorgenommene Erweiterung des Betriebsgeländes der *Mineralölhandel Hans Schmidt GmbH & Co. KG.* in Delitzsch spricht für einen funktionierenden Wirtschaftskreislauf im Segment der Schadstoffverarbeitung. Das Unternehmen hat in einem Bereich, der in Europa durch zahlreiche Skandale immer wieder umweltpolitisch für Zündstoff gesorgt hat, positive Zeichen gesetzt und umfänglich kontrolliert und zertifiziert gehandelt. Es bietet auch einen Beratungsservice durch Experten für Abfallrecht, Wasserrecht, Gefahrgutrecht, Gewerberecht, Arbeitssicherheit, Qualitätsmanagement, Umweltmanagement und Fachpersonal nach § 19 I WHG an.

Der Landesentwicklungsplan 2013 des Freistaats Sachsen sieht vor, die spezifischen Entwicklungspotenziale dieses Bundeslands zu stärken, indem regionale Wirkungskreisläufe aufgebaut, durch verstärkte interkommunale, regionale, länder- und grenzübergreifende Zusammenarbeit strukturelle Defizite abgebaut, Synergieeffekte erschlossen, Eigenkräfte mobilisiert sowie Industrie und Gewerbe durch geeignete

Maßnahmen in ihrer überregionalen und internationalen Wettbewerbsfähigkeit unterstützt werden.[10] Rohstoff- und Abfallkosten sind Produktionsfaktoren, die unternehmerisches Handeln unter der Maßgabe des nachhaltigen Wirtschaftens als auch der Gewinnoptimierung beeinflussen. Es ist sinnvoll, Abfallprodukte erneut für die Produktion nutzbar zu machen.

Abb. 4: Das Industrie- und Gewerbegebiet Delitzsch-Südwest mit dem URSA-Dämmstoffwerk, den Kreiswerken Delitzsch GmbH und der Mineralölhandel Hans Schmidt GmbH & Co. KG (Foto: Maik Börner).

Mit den *Kreiswerken Delitzsch GmbH* gibt es neben dem *Mineralölhandel Hans Schmidt* ein weiteres Unternehmen am Standort Delitzsch, welches die sekundäre Verwendung und thermische Verwertung von Restwertstoffen als Lieferant sicherstellt. Aufgrund der Knappheit und Verteuerung fossiler Rohstoffe werden diese generell unter der Maßgabe des nachhaltigen Wirtschaftens in einem sekundären Prozess entweder stofflich verwertet oder thermisch verbrannt. Es hat sich daraus ein Markt entwickelt, der sich einzig mit der Herstellung von sekundären Ressourcen beschäftigt. Die *Kreiswerke Delitzsch GmbH* ist ein Unternehmen, anhand dessen die Prozesse in diesem Geschäftsfeld beispielhaft illustriert werden können. Geschäftsfelder der *Kreiswerke Delitzsch GmbH* sind die Brennstoffproduktion, Abbruch und Recycling, der Contai-

10 Landesentwicklungsplan Sachsen 2013, http://www.landesentwicklung.sachsen.de/download/Landesentwicklung/LEP_2013.pdf (letzter Aufruf: 06.03.2014).

nerdienst, die Logistik, Kompostierung, Straßenreinigung und Winterdienst. Besonders interessant im Energie- und Wertstoffkreislauf ist die Brennstoffproduktion aus der Abfallentsorgung. Die von Haushalten und Unternehmen entsorgten Abfälle werden nach ihren Materialeigenschaften sortiert. Dabei werden diejenigen Stoffe ausgesondert, die keiner stofflichen Verwertung und Veredelung zugeführt werden können. Diese werden in Müllverbrennungsanlagen verbrannt oder höherwertig für die Brennstoffproduktion genutzt. Die *Delitzscher Kreiswerke*, ein regionales Unternehmen, vertreiben unter dem Markennamen *CARBOlight* einen Ersatzbrennstoff, der von energieintensiven Unternehmen wie beispielsweise in der Zementproduktion zur Energieerzeugung genutzt werden kann. In diesem Brennstoff, einem Sekundärprodukt, werden ungefährliche, heizwertintensive Abfälle verarbeitet, veredelt und damit einer Zweitnutzung zugeführt. Heizwertintensive Abfälle werden aus Reststoffen der Autoindustrie, aus Tartanbahnabfälle und nicht wiederverwertbare Mischkunststoffe gewonnen. Der hergestellte Ersatzbrennstoff bedarf keiner abfallspezifischen Behandlung mehr. Andere Ressourcen wie beispielsweise Metalle und Papier werden an entsprechende Verwerter wie Papierfabriken weiterverkauft und dort als sekundäre Rohstoffe veredelt oder aber der thermischen Nutzung zugeführt. Was dies für die Einsparung natürlicher Ressourcen bedeutet, wird an einem Beispiel deutlich: Die *Kreiswerke Delitzsch GmbH* begannen 2002 mit der jährlichen Lieferung von 18 962 Tonnen Ersatzbrennstoff an das nur unweit von Delitzsch gelegene Zementwerk der *SCHWENK Zement KG* in Bernburg. Die Lieferung steigerte sich bis 2012 auf 130 000 Tonnen im Jahr, sodass am 11. November 2013 bereits die 1 Millionste Tonne dem Wertstoffkreislauf zugeführt werden konnte. Das Zementwerk setzt heute auf 95 % sogenannter Ersatzbrennstoffe, ist damit Spitzenreiter in Europa und weist die niedrigsten Kohlendioxidemissionen aller Zementwerke in Europa auf. Mit 1 Million Tonnen Ersatzbrennstoff konnten 700 000 Tonnen des fossilen Rohstoffs Kohle eingespart werden bzw. wurden nicht verbraucht.

Delitzsch ist als Standort für die Kreiswerke sehr interessant, da in direktem Umfeld und somit auf kurzem Wege sowohl das Zementwerk in Bernburg als auch weitere energieintensive Industriestandorte im mitteldeutschen Raum liegen. Die Anreize für die Entsorgungswirtschaft sind groß, da aufgrund einer Verknappung der natürlichen Ressourcen und aufgrund des wachsenden Marktes für Sekundärstoffe mit der Veredelung der Abfälle aus der primären Produktion Gewinne erzielt werden können. Durch die Verarbeitung von Abfällen als sekundäre Rohstoffe reduziert sich die jährliche Abfallmenge. Die Produktions- und Konsumabfälle werden weniger. Der Recyclingmarkt ist für Delitzsch eine wichtige Branche. Ökologische Nachhaltigkeit steht daher nicht im Widerspruch zu Ökonomie, im Gegenteil: Nur so kann sich Nachhaltigkeit langfristig als tragfähig erweisen. Materialeffizienz stärkt das Verhältnis zu und das Bewusstsein von Ressourcen. Produktionsoutput wird zu Materialinput. Da natürliche Ressourcen geschützt und geringere Umweltbelastungen erzeugt werden, ist dem Allgemeinwohl gedient. Delitzsch hat eine besondere Bedeutung für die angrenzenden Ballungsräume wie Halle und Leipzig und die angrenzenden Industriestandorte wie Bitterfeld und Leuna. Die Stadt Delitzsch nutzt die gegebenen eigenen Entwicklungsvoraussetzungen, um die Wettbewerbsfähigkeit zu verbessern.

Delitzsch ist als Mittelzentrum und zentraler Ort mit Entwicklungspotenzial im neuen Landesentwicklungsplan benannt. Zur Erreichung dieser landesentwicklungspolitischen Vorgaben gelten drei Teilziele der Nachhaltigkeit: der Teilaspekt »sozial« stellt auf die gerechte Verteilung von Ressourcen ab. Zentrale Systeme sollen ein Mindestmaß an Versorgungsgerechtigkeit sicherstellen und das Versorgungsnetz stabilisieren, hier sind auch die Entsorgungsrouten wichtig. Das weitere Ziel »ökonomisch« bezieht sich auf die Tragfähigkeit und Auslastung von Infrastruktureinrichtungen und den effizienten Einsatz öffentlicher Mittel. Das Teilziel »ökologisch« zielt auf die Begrenzung des Ressourcenverbrauchs, den sparsamen Umgang mit Flächen und die Minimierung ökologischer Belastungen. Diese Zielsetzungen bezieht die städtische Wirtschaftsförderung in ihr Verwaltungshandel mit ein. Die *Kreiswerke Delitzsch* leisten einen ökologischen Beitrag mit ihrem Ersatzbrennstoff. Städte und Gemeinden sind unerschöpfliche Rohstoffminen – von der Blechdose bis hin zum Gebäudestahlträger. Tausende Tonnen wertvoller Schätze schlummern hier, die es zu heben gilt. Diese Lagerstätten von Ressourcen müssen vor Ort definiert und kosteneffiziente und umweltgerechte Rückgewinnungstechnologien entwickelt werden. Das Konzept des »*Urban Mining*«[11] betrachtet die Stadt als Rohstoffquelle im Dreiklang von »Vermeiden«, »Wiederverwenden«, »Recyceln«. Was im Sinne der Nachhaltigkeit für Industrie und Gewerbe gilt, hat auch in der Landwirtschaft seine Notwendigkeit. Als positives Beispiel ist hier die Biogasanlage des lokalen Landwirtschaftsunternehmens *Agrargenossenschaft Beerendorf eG,* zu nennen (vgl. Abb. 5). Das Unternehmen betreibt im Delitzscher Ortsteil Selben eine Milchviehanlage mit rund 900 Tieren und verfügt über eine landwirtschaftliche Anbaufläche von etwa 1 450 Hektar. Die Inbetriebnahme der Biogasanlage erfolgte 2006, 2010 wurde die elektrische Leistung von 350 kW auf 540 kW erweitert. Die Biogasanlage produziert »echtes« Biogas aus der Gülle der betriebseigenen Milchviehanlage, ergänzt durch Grünpflanzen der eigenen landwirtschaftlichen Anbaufläche. Das Biogas wird in Ökostrom umgewandelt und in das öffentliche Energienetz eingespeist. Der besondere Mehrwert dieser Anlage besteht darin, dass die entstehende Prozesswärme nicht nur die Gebäude des Landwirtschaftsbetriebs mit Melkzentrum und Sozialgebäude beheizt, sondern diese zusätzlich über eine etwa 600 Meter lange Nahwärme-Heiztrasse an ein angrenzendes Wohngebiet mit 21 Haushalten abgegeben wird. Fast alle der Hauseigentümer der Straße »Zum Amt« sowie das kommunale Ortsbegegnungszentrum sind an die Nahwärme-Heiztrasse angeschlossen. Sie sparen im Vergleich zu einer herkömmlichen Gashei-

11 Urban Mining umfasst die Identifizierung anthropogener Lagerstätten, die Quantifizierung der darin enthaltenen Sekundärrohstoffe, Dabei wird der Mensch nicht nur als Verbraucher, sondern auch als Produzent wertvoller Ressourcen betrachtet. http://www.urban-mining-verein.de/index.php?id=92 (letzter Aufruf: 06.03.2014).

zung 20 bis 25 % der Kosten. Die hocheffiziente, für alle Abnehmer kostengünstige Anlage ließ in jüngster Zeit die Idee wachsen, auch das 2014 errichtete neue Feuerwehrgerätehaus der Freiwilligen Feuerwehr Selben/Zschepen an diese Nahwärmeversorgung anzuschließen. Damit kann ein komplexer lokaler Wirtschafts- und Energiekreislauf innerhalb einer dörflich geprägten Infrastruktur und deren Umgebung hergestellt werden. Der Auslastungsgrad der Biogasanlage liegt bei 98 %.

Abb. 5: Biogasanlage und Milchviehbetrieb im Ortsteil Selben mit integrierter Nahwärmeversorgung für ein Wohngebiet (Foto: Agrargenossenschaft Beerendorf eG).

Nachhaltiges kommunales wirtschaftspolitisches Handeln bedeutet neben der unmittelbaren Bestandspflege auch das Zurverfügungstellen von Kommunikationsplattformen. Die unternehmerischen Prozesse können durch die aktive Förderung von Netzwerken – wie beispielsweise Unternehmerstammtische in Verbindung mit der Präsentation von Produktionsabläufen – unterstützt werden. Damit kann die Infrastruktur optimaler genutzt und Geschäftskontakte können geknüpft werden. Es entsteht ein wirtschaftlicher wie auch gesamtgesellschaftlicher Mehrwert, an dem die Bürgerschaft und die Kommune unmittelbar partizipieren. Durch die Förderung nachhaltigen Wirtschaftens in lokalen Kreisläufen können städtische Arbeitsplätze gesichert und Kosten für die Unternehmen gesenkt werden. Dadurch kann das Wachstum im Unternehmen gefördert werden. Dies hat höhere Steuereinnahmen für die Kommune zur Folge. Durch den Beitrag zur Ressourcenschonung erhält sich die Stadt mit ihrer Bürgerschaft ein lebenswertes Umfeld, in dem sich gleichzeitig ein Bewusstsein für nachhaltiges eigenes Handeln entwickelt.

Tillman Bruns

Energieeffizienz als berufliche Aufgabe und Herausforderung

Die Stadt Delitzsch hat durch ihren Erfolg im Bundeswettbewerb »Energieeffiziente Stadt« des *Bundesforschungsministeriums* (BMBF) ebenso positiv von sich Reden gemacht, wie als erste Stadt Sachsens, die den Goldstatus im *European Energy Award*® (eea) erhalten hat. Energieeffizienz und Ressourceneinsparung ist – obwohl einige heute immer noch der Ansicht sind – beileibe kein an sich verzichtbarer Luxus, sondern angesichts drastisch gestiegener Energiepreise und stark vermehrter Extremwetterereignisse Notwendigkeit. Dies gilt sowohl im Hinblick auf wirtschaftliche Kosteneinsparung als auch in Bezug auf die Übernahme von Verantwortung für die folgenden Generationen. In vielen Städten und Landkreisen fehlen bisher oft geeignete Instrumente und Umsetzungsstrategien.[1]

Delitzsch ist eine von bundesweit fünf Preisträgerstädten im Bundeswettbewerb »Energieeffiziente Stadt« des *Bundesministeriums für Bildung und Forschung*. Im Zuge dieser Ausschreibung wurden Städte verschiedener Größe ausgewählt, um kreative Lösungen für das Gelingen der Energiewende zu entwickeln. Folgender Beitrag verdeutlicht, welche Aufgaben als Energieeffizienzmanager der Stadt Delitzsch im Rahmen der täglichen Arbeit wahrgenommen werden und welche fachlichen und persönlichen Vernetzungen und Herausforderungen dabei deutlich werden. Außerdem wird dargestellt, wie sich eine typische deutsche Stadt wie Delitzsch dem Aufgabengebiet »Energieeffizienz« stellt.

Die Energie- und Klimaschutzstrategie der Stadt ruht dabei auf verschiedenen Säulen: Als glaubwürdige Grundlage sorgt erstens die Stadt bei ihren eigenen Gebäuden wie Kindergärten, Bibliotheken, Sporthallen, Schulen und Wohnanlagen für Energieeffizienz und Barrierefreiheit. Diese Projekte werden öffentlichkeitswirksam auf der Homepage der Stadt, in Artikeln und Anzeigen im Sinne eines modernen und aufgeschlossenen Stadtimages dargestellt. Zweitens werden die Bürger der Stadt zielgruppen-, gebäude- und quartiersspezifisch aktiv angesprochen, beraten und motiviert, da die privaten Gebäude und ihre Emissionen entscheidend für die Gesamtenergiebilanz sind. Drittens wird auf wissenschaftlicher Ebene auf der Grundlage umfassender Bürgerbefragungen ein softwarebasiertes Modell des Umzugs- und Investitionsverhaltens der Bürger erarbeitet, das Entscheidungen über Infrastrukturinvestitionen in der Zukunft auch in vergleichbaren Städten erleichtern wird.

Der Energieeffizienz kommt eine Schlüsselrolle bei der Energiewende zu. Zwar sind erneuerbare Energien wie Windräder, Holzheizungen und Photovoltaikanlagen

1 GdW Bundesverband deutscher Wohnungs- und Immobilienunternehmen e. V. (Hrsg.) (2010): Perspektiven und Projekte. Nachhaltige Entwicklung von Stadtquartieren. Berlin; Erhorn-Kluttig, H.; et al. (2011): Energetische Quartiersplanung. Methoden – Technologien – Praxisbeispiele. Fraunhofer IRB Verlag. Stuttgart.

öffentlichkeitswirksam und können gut präsentiert werden, die günstigste Energie aber ist die, die gar nicht erst verbraucht wird. Es ist oft wesentlich einfacher Energie einzusparen, als eine neue Strom- und Wärmeerzeugung aus regenerativen Quellen aufzubauen. Gleichzeitig ist zu konstatieren, dass viele Bürger und Unternehmen durch polarisierende Äußerungen in der politischen Diskussion sehr verunsichert sind und nicht wissen, welche Optionen letztlich für sie sinnvoll sind. Dieses Verhalten resultiert dann oftmals darin, passiv abzuwarten und nichts zu tun. Auch wenn der Ausbau der erneuerbaren Energien in Umfragen regelmäßig von einer großen Mehrheit der Befragten begrüßt wird, so sollen insbesondere Windräder, Photovoltaik-Großanlagen und Stromtrassen möglichst weit entfernt außerhalb des eigenen Wohn- und Lebensbereichs entstehen – ein Phänomen, welches auch als »NIMBY« (engl.: *not in my backyard*) bekannt ist.

Die kommunalen Stadtwerke haben auf der einen Seite durch die Energiewende und vermehrte Energieeffizienz große Herausforderungen zu bewerkstelligen, da sie weniger Energie als früher absetzen und ihre Netze ertüchtigen müssen. Großkraftwerke, wie sie in Deutschland hauptsächlich von den vier großen Energiekonzernen *RWE*, *E.on*, *EnBW* und *Vattenfall* betrieben werden, haben besonders im Absatzbereich zu kämpfen und werden damit zunehmend unwirtschaftlicher. Folglich beurteilen viele Führungskräfte der großen Energieversorger derzeitige Geschäftsmodelle als langfristig nicht zukunftsfähig. Auf der anderen Seite haben insbesondere die kommunalen Versorger die Chance, ihre Nähe zum Kunden zu nutzen und neue Geschäftsfelder aufzubauen. Die privaten Bürger sind vielfach (noch) nicht bereit, für Energieberatungsdienstleistungen zu bezahlen. Sie wollen beispielsweise eine neue Heizungsanlage oder eine neue Pumpe einbauen und die Beratung kostenlos dazuerhalten. Dies bringt zwar für den Bürger einen Mehrwert, nicht aber für die Stadtwerke. Anders sieht es bei Unternehmen aus, die oft bereit sind, für Beratungsdienstleistungen auch Geld auszugeben. Hier ergeben sich interessante neue strategische Geschäftsfelder für die Stadtwerke.

Entscheidend ist, die Bürger quasi »an die Hand« zu nehmen und ihnen übersichtliche Informations- und Beratungsangebote aufzuzeigen, da das Thema »energetische Sanierung« oftmals als sehr unübersichtlich und komplex wahrgenommen wird. Aufgrund dieser empfundenen Komplexität und zum Teil widersprüchlicher Informationen und Meinungen kommt es bei vielen Bürgern ansonsten dazu, abwartend in Passivität zu verharren. Zur Verfügung steht dabei eine breite Palette von Informations- und Beratungsangeboten, wobei Kooperationen mit der *Handwerkskammer*, *Verbraucherzentralen*, *Diakonie*, der *Caritas* und der *Verbraucherzentrale* geknüpft wurden. Dabei adressiert die *Handwerkskammer* mit ihrem kostenlosen Energiecheck im Rahmen des Projekts »Haus sanieren, profitieren!« insbesondere den klassischen Einfamilienhausbesitzer, die *Verbraucherzentrale* steht ratsuchenden Mietern, zusätzlich aber auch Eigentümern zur Seite und die *Caritas* bietet mit ihrem Stromsparcheck praktische Hilfen für Bezieher von Wohngeld, Sozialhilfe oder Arbeitslosengeld II. Dabei geht es nicht darum, eine öffentlich finanzierte kostenlose Konkurrenz zu privatwirtschaftlichen Ingenieur- und Beratungsbüros aufzubauen. Im Gegenteil sollen die Bürger durch eine initiierende Beratung im Büro oder bei den Stadtwerken, durch Artikel beispielsweise im Amtsblatt oder in der Tageszeitung, durch Infostände etwa auf Festen oder durch Ausstellungen motiviert werden, etwas zu tun – die bauliche Detailplanung übernimmt dann ein Architekt oder Bauingenieur und die Ausführung ein Handwerksbetrieb, somit profitiert auch die lokale Wirtschaft.

Abb. 1: Interaktive Wanderausstellung zum Thema energieeffizient bauen in der Delitzscher Sparkasse (Foto: Christian Maurer, Stadt Delitzsch).

Neben breitenwirksamen Angeboten für Bürger der Stadt wie etwa einer interaktiven Wanderausstellung, einem speziellen Bibliotheksangebot mit Ausleihmöglichkeit von Messgeräten und Projekttagen an Schulen werden auch quartiersbezogene Maßnahmen durchgeführt, also Projekte welche speziell auf die Bewohner eines bestimmten städtischen Quartiers zugeschnitten sind. Dabei wird zunächst ein Quartier mit einem signifikanten energetischen Potenzial aufgrund der baulichen Strukturen ausgewählt, welches hinsichtlich der vorliegenden Gebäudetypen relativ homogen ist. Anschließend wird mithilfe zugekaufter soziodemografischer Daten beurteilt, welche Lebensstile in diesem Quartier dominieren und an welchem Schritt der Entscheidung diese sozialen Milieus sich typischerweise befinden. Der Ansatz der Milieustudien wurde für Energieeffizienzmaßnahmen bisher kaum genutzt. In Delitzsch wird dabei mit dem Modell der Sinus-Milieus gearbeitet.[2] Auf Grundlage dieser Beurteilungen können dann

2 Sinus Sociovision (2012): Sinus-Milieus. Online verfügbar unter http://www.sinus-institut.de/loesungen/sinus-milieus-html. (letzter Aufruf am 20.08.2013).

kleinteilige, maßgeschneiderte Projekte oder Aktionen initiiert, praktisch durchgeführt und evaluiert werden. Dabei kann es durchaus auch vorkommen, dass Projekte nicht die erhoffte Resonanz in der Bevölkerung erzielen. Dies trägt dennoch zu einer Lernkurvenentwicklung bei, da es Aufgabe insbesondere des BMBF-Forschungsprojekts ist, die Resonanz verschiedener Maßnahmen zu erproben. Beispiel für eine solche quartiersbezogene Maßnahme ist etwa ein Energiefest im Quartier, zugeschnitten auf das Milieu der bürgerlichen Mitte, welches neben Unterhaltung auch Informationsmöglichkeiten zum Thema bietet sowie die Möglichkeit, ein gelungenes Praxisbeispiel beim Nachbarn direkt zu besichtigen.

In der Umwelt- und Nachhaltigkeitskommunikation steht heute eine breite Palette möglicher Kommunikations- und Beteiligungsinstrumente bereit. Dennoch ist es so, dass erfahrungsgemäß durch runde Tische, Bürgerversammlungen, Projektwerkstätten, Ausstellungen und Ähnliches oftmals jene Bürger involviert werden, die ohnehin ein gewisses Interesse für das Themengebiet aufweisen und dafür bereits sensibilisiert sind. Bei den meisten Bürgern erfahren die Ziele des Umweltschutzes und der Energieeffizienz zwar breite Zustimmung, dies schlägt sich normalerweise aber nicht in einem dementsprechenden Verhalten nieder. Vor allem in wohlsituierten Haushalten mit Bürgern mit höherem Bildungsabschluss erfährt Nachhaltigkeit eine hohe Wertschätzung, gleichzeitig bewohnen diese Haushalte große Wohnungen und Häuser, unternehmen viele Fernreisen und fahren leistungsstarke Autos – Umstände, die widersprüchlich erscheinen.

Sollen zudem zusätzlich neue, bisher unerreichte Zielgruppen erschlossen werden, müssen auch neue Wege der Ansprache erprobt werden. Wege, die das kommerzielle Marketing schon lange beschreitet, allerdings nicht im Sinne von Gemeinwohl und Nachhaltigkeit. Auch in der kommerziellen Werbung wird zumeist mit Lebensstilgruppen gearbeitet, die Menschen zusammenfassen, die sich hinsichtlich sozialer Lage, Werteorientierung, Gesellschaftsbild, Leitbilder, ästhetischer Orientierung, Freizeit- und Kommunikationsverhalten sowie in den Einstellungen zu Arbeit und Familie ähneln. Hier besteht derzeit noch Forschungsbedarf, da einerseits versucht werden kann, auch sehr schwer anzusprechende Zielgruppen zu motivieren, andererseits wird auch der Standpunkt vertreten, dass die zeitlichen und finanziellen Ressourcen in die »lohnenden« Zielgruppen investiert werden sollten – bei gleichzeitiger Akzeptanz des Umstands, dass bestimmte Milieus für das Themenfeld kaum erreichbar sind und somit auch »verschont« werden sollten.[3] Im Delitzscher Projekt liegt eine sehr gute Datenbasis zu den Zielgruppen vor, da zum einen die zur Verfügung stehenden Daten des *Sinus Instituts* in Heidelberg verwendet wurden, zum anderen hat das *Helmholtz-Zentrum für Umweltforschung* in Leipzig als beteiligter Projektpartner umfassende Einwohnerbefra-

---

3 Ecolog-Institut Institut für sozialökologische Forschung und Bildung gGmbh (Hrsg.) (2008): Nachhaltigkeit kommunizieren. Zielgruppen, Zugänge, Methoden. Schriftenreihe, Eigenpublikation. http://www.21-kom.de/fileadmin/user_upload/PDFs/01_NHK_Social_Marketing_Ueberblick/Nachhaltigkeit_Kommunizieren_20_08_2010_C.pdf (letzter Aufruf: 10.07.2013).

gungen durchgeführt, die als Datenbasis für die Modellierung des Umzugsverhaltens und des energiebezogenen Investitionsverhaltens der Bürger dienen. Diese Befragungsdaten wurden anschließend ebenfalls durch das Heidelberger Institut den Sinus-Milieus zugeordnet. Dabei zeigte sich, dass Milieus, die typischerweise Vorreiter im Energie- und Nachhaltigkeitsbereich sind – beispielsweise sozialökologisches Milieu und postmaterielles Milieu – in Delitzsch deutlich unterrepräsentiert sind. Sehr stark vertreten ist etwa das traditionsverwurzelte Milieu, das als »unbewusst nachhaltig« gilt, da einem kaum vorhandenen Engagement für den Umweltschutz ein genügsamer, sparsamer und lokal orientierter Lebensstil gegenübersteht. Ebenfalls sehr stark vertreten ist das Milieu der bürgerlichen Mitte, das sich in Sachen »Nachhaltigkeit« und »Umwelt« im Durchschnitt bewegt. Umweltschutz wird dort als wichtig, aber nicht als sehr drängendes Problem wahrgenommen, vor allem der Staat wird hier in der Verantwortung gesehen. Vielversprechend erscheint auch für die Bürgeransprache, kleinteilige Multiplikatoren zu gewinnen, welche von sich aus auf die Bürger in ihrem Quartier einwirken. Beispiele dafür sind etwa Funktionsträger in Wirtschaft oder Verwaltung, Lehrer oder Medienvertreter. Akzeptiert werden muss, dass auch bei einem Thema, das an sich alle angeht, nicht alle auf einmal erreicht werden können, die Methoden müssen vielmehr je nach Zielquartier und Zielgruppe variiert werden.

Bisher gibt es bundesweit noch keine Patentlösung, wie insbesondere schwierig anzusprechende, am Thema »Energieeinsparung, Sanierung und Umweltschutz« bislang nur wenig interessierte Bürger wirksam involviert werden können. Gerade im kleinstädtischen Raum scheinen Informationen in der lokalen Presse und im Amtsblatt aufmerksam verfolgt zu werden, während Vortragsveranstaltungen und Ausstellungen vorwiegend durch die bereits mehr oder minder überzeugte Zielgruppe frequentiert werden. Anstöße geben kann zudem das direkte Gespräch mit dem Bürger und der Bürger untereinander, wie es beispielsweise durch eine kleine straßenzugsbezogene Freiluftveranstaltung oder durch Hausbesuche ermöglicht wird. Darüber hinaus sollte das Thema ständig in der Stadt präsent sein, was zum einen gut durch eine eigene, sympathische Wort-Bild-Marke (vgl. Abb. 2), zum anderen auch durch ein klassisches Energieberatungsbüro in der Stadt erreicht werden kann.

Das Projektbüro »Energieeffizienz« steht für die Bürger als ständiger Ansprechpartner zur Verfügung und hält eine Vielzahl von Broschüren und Hinweisen zu allen relevanten Fragen bereit, auch einführende Berechnungen zu Wirtschaftlichkeitsfragen können erstellt werden. Gleichzeitig müssen die Grenzen einer kostenlosen Initialberatung klar kommuniziert werden. Dies ist zum einen aus Gründen des Haftungsrechts und der begrenzten personellen und zeitlichen Kapazitäten wichtig, zum anderen soll keine Konkurrenz zu lokalen Ingenieurbüros aufgebaut werden, welche im Projekt als Partner und Multiplikator fungieren sollen. Für detaillierte Bauplanungen und weiterführende Berechnungen wird der Bürger dann auf örtliche Ingenieurbüros verwiesen, für deren Leistungen – unterstützt etwa durch das *Bundesamt für Wirtschaft und Ausfuhrkontrolle* – ebenfalls umfassende Fördermöglichkeiten bereitstehen. Insbesondere für die ersten Schritte werden gern kostenlose, niederschwellige Bera-

Abb. 2: Mit diesem Logo wirbt Delitzsch für Kommunikation in der Energieeffizienz (Grafik: Simons & Schreiber GmbH, Leipzig).

tungsangebote angenommen, wobei auch die Verbraucherzentrale mit ihren Basis- und Gebäudechecks und dem sogenannten Fallmanagement vor Ort ein wertvoller Partner ist. In den letzten Jahren gab es bereits öffentlich geförderte Forschungsprojekte wie beispielsweise »Enef Haus«, die sich ebenfalls mit dem Thema der Bürgeransprache im Energiebereich auseinandergesetzt haben. Im Fokus standen hier die gefühlte Wirtschaftlichkeit von Sanierungsmaßnahmen, Motivationsansätze für Eigenheimbesitzer, Handlungsmotive und Hemmnisse für eine energetische Sanierung und die Evaluierung von Beratungsangeboten sowie von politischen Instrumenten zur Erhöhung der energetischen Sanierungsquote bei Eigenheimen. Wichtige Erkenntnis war hier unter anderem, dass die Eigentumsübertragung einer Immobilie den günstigsten Zeitpunkt für eine Ansprache bzw. für eine Gebäudesanierung darstellt und dass die Kosten einer energetischen Sanierung sowie eventuell eine fehlende langfristige Nutzungsperspektive trotz Fördermitteln für viele insbesondere ältere Eigentümer eine sehr große Hürde darstellen. Ebenso gibt es nur eine geringe Bereitschaft, kostenpflichtige Beratungsangebote in Anspruch zu nehmen. Werden Maßnahmen durchgeführt, stehen die Wertsteigerung, der Werterhalt der Immobilie und die Energiekosteneinsparung im Fokus, Umweltgründe kommen sekundär zum Tragen, wobei insgesamt immer Motivallianzen wirksam werden. Soziodemografisch sanieren vor allem ältere Eigenheimbesitzer (50–70 Jahre) mit einem deutlich gehobenen Einkommen. Konkrete Fördermöglichkeiten sind vielfach kaum bekannt.[4] Auch die Kampagne »Gut beraten starten« der *Klimaschutzagentur Region Hannover* kann als gutes Beispiel dafür dienen, wie durch kleinteilige, quartiers-

4 Forschungsprojekt Enef Haus: Energieeffiziente Modernisierung im Gebäudebestand bei Ein- und Zweifamilienhäusern- Aktivierung und Kompetenzstärkung von Eigenheimbesitzern. Im Internet abrufbar unter www.enef-haus.de (letzter Aufruf: 17.11.2013).

bezogene Motivationsarbeit die Einstellung und schließlich auch das Verhalten eines Teils der Bürger verändert werden können.[5] Das Delitzscher Projekt berücksichtigt Ergebnisse aus derartigen vorhergehenden Forschungsprojekten bei seiner Arbeit.

Das Vorhandensein städtischer Vorzeigebeispiele ist eine wichtige Voraussetzung, um auch die Bürger und Unternehmen glaubwürdig auf dem Weg zu mehr Energieeffizienz mitnehmen zu können. Abgesehen von den immer strenger werdenden gesetzlichen Vorschriften, die bei Neubau und Sanierungen zu beachten sind, und jenseits des entstehenden positiven städtischen Images, geht es der Stadt hierbei natürlich auch um handfest messbare wirtschaftliche Einsparungen, die sich im Laufe der Zeit erheblich aufsummieren.

Dafür kann die Kleinstadt Delitzsch einige positive Beispiele aufzeigen. Die historische Stadtbibliothek aus dem Jahr 1426 wird mit Erdwärme über eine Niedertemperatur-Fußbodenheizung beheizt und befindet sich energetisch fast auf Neubauniveau (vgl. Abb. 3 und Abb. 4). Ein eigener Informationsbereich zum Thema »Energieeffizienz und Klimaschutz« steht den Nutzern zur Verfügung und hält beispielsweise kostenlos Stromsparmessgeräte und Broschüren bereit. Das Gebäude wurde 2008/2009 mit Mitteln aus dem Bund-Länder-Programm »Städtebaulicher Denkmalschutz« für rund 1,2 Millionen Euro saniert. An diesem Projekt wird deutlich, dass moderne Technologien auch im denkmalgeschützten städtebaulichen Bestand erfolgreich eingesetzt werden können. Auch Fragestellungen der Inklusion wurden mit einem behindertengerechten Zugang und einem integrierten Fahrstuhl berücksichtigt.

Wenige Schritte davon entfernt befindet sich ein Altstadtquartier, das zentrale, barrierefreie und zugleich energieeffiziente Wohnungen optisch eingebettet in eine mittelalterliche Altstadt wenige Meter vom Markt und vom Barockschloss gelegen offeriert. Ursprünglich herrschten in diesem zentralen Stadtquartier neben Gebäuderuinen ein hoher Sanierungsbedarf und entsprechender Leerstand vor. Gleichzeitig bestand und besteht bei vielen Bürgern der Wunsch, wieder in der historischen Stadtmitte energieeffizient und barrierefrei wohnen zu können. Folglich errichtete die *Wohnungsgesellschaft der Stadt Delitzsch mbH* (WGD) hier 24 Wohnungen mit Wohnflächen zwischen 33 und 94 m². Die gesamte Anlage wird durch eine Erdwärmepumpe, verbunden mit einem Fußbodenheizungs-Niedertemperatursystem beheizt. Die Effizienz der Anlage wurde durch eine hohe Jahresarbeitszahl von größer als vier bestätigt, das heißt, dass pro eingesetzter Kilowattstunde Strom mehr als vier Kilowattstunden Wärme gewonnen werden. Für die Umweltbilanz ist bei Wärmepumpen ähnlich wie auch bei Elektrofahrzeugen die Herkunft des verwendeten Stroms wichtig.

---

5 Institut für sozial-ökologische Forschung (ISOE) 2010: Evaluation der Kampagne »Gut beraten starten«. Im Auftrag der Klimaschutzagentur Region Hannover GmbH und von proKlima – der Enercity-Fonds. ISOE-Publikation, Frankfurt am Main. Im Internet abrufbar unter http://www.isoe.de/ftp/publikationen/ISOE_GutBeratenStarten.pdf (letzter Aufruf: 12.08.2013).

Abb. 3: Die moderne Stadtbibliothek »Alte Lateinschule« im Baudenkmal von 1426 (Foto: Peter Franke).

Abb. 4: Im mittelalterlichen Kellergewölbe der Bibliothek: Die beiden Wasserpufferspeicher mit Wärmetauscher und rechts die Umwälzpumpe (Foto: Tillman Bruns, Stadt Delitzsch).

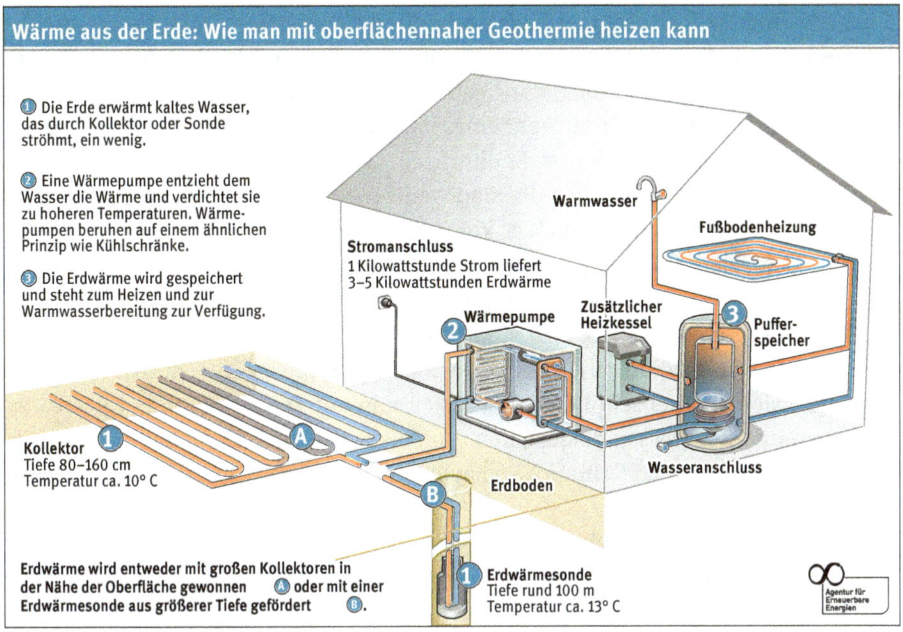

Abb. 5: Schematische Darstellung der Geothermie (Grafik: Agentur für Erneuerbare Energien e. V.).

Einen besonderen Stellenwert nehmen in der Stadt Delitzsch in der baulichen Rekonstruktion und im Neubau Kindertagesstätten und Schulen ein. In den Ausschüssen und im Stadtrat wurde beispielsweise lange und kontrovers darüber diskutiert, ob die im Ortsteil Schenkenberg gelegene und in ihrer mehrgliedrigen Bausubstanz zwischen 40 und 170 Jahre alte Einrichtung noch als sanierungswürdig einzustufen sei. Letztlich waren es nicht nur die gegenübergestellten Baukosten, die für einen Neubau sprachen, sondern die Energiebilanz. Unter Zuhilfenahme von Geldern aus dem *Europäischen Förderprogramm für die Entwicklung des ländlichen Raumes* (ILE), fiel durch den Stadtrat letztlich die Entscheidung für einen Neubau an anderer Stelle in diesem Ortsteil. Die Kindertagesstätte wurde im Herbst 2013 als in ihrer Art innovativste Einrichtung Mitteldeutschlands fertiggestellt. Energetisch erfüllt sie den Passivhausstandard und deckt ihren sehr geringen Restwärmebedarf durch Tiefengeothermie. Der Ersatzneubau bietet 95 Kindern Raum zur Entfaltung und frühkindlichen Bildung. Das Gebäude ist nicht nur sehr energiesparend, sondern auch hell, geräumig, barrierefrei und befindet sich in einer ansprechenden Umgebung.

Viel Energie wird nicht nur in Gebäuden und in industriellen Prozessen, sondern auch durch die individuelle Mobilität verbraucht. In diesen Bereich lässt sich als Stadt planerisch nur vergleichsweise schwer eingreifen, da jeder Bürger in der Wahl seiner Verkehrsmittel frei ist. Indirekt können Bürger aber beispielsweise durch fahrradfreundliche Angebote dazu ermutigt werden, das Auto insbesondere für kurze innerstädtische Wege stehenzulassen. Ausreichend gesicherte Abstellmöglichkeiten für

Fahrräder, intakte Radwege und Ladesäulen für die sich immer stärker verbreitenden E-Bikes können hier Impulse setzen. Völlig offen ist bisher noch, ob sich auch Elektroautos – wie durch die Bundesregierung geplant – stark verbreiten werden. Dieser Markt entwickelt sich nach wie vor nur sehr langsam. Auch in diesem Fall sammelt dennoch die Stadt Delitzsch ganz bewusst Erfahrungen, da sie über ein eigenes Elektroauto verfügt. Seit Sommer 2013 setzen die Stadtwerke mit der Anschaffung eines weiteren, größeren Elektrofahrzeugs diesen Weg konsequent fort.

Energieeffizienz und Ressourceneinsparung sind nicht nur finanz- und umweltpolitische Notwendigkeit, sondern sind auch Themen, die heute modern, zukunftsweisend und insgesamt positiv besetzt sind. Städte haben somit die Chance, ihr Engagement in diesen Feldern öffentlichkeitswirksam beispielsweise durch Artikel in überregionalen Fachzeitschriften, in Anzeigen und auf Veranstaltungen wie Messen, Tagungen und Kongressen darzustellen. Von diesen Möglichkeiten hat die Stadt Delitzsch bereits umfassend Gebrauch gemacht und somit ihre Bekanntheit auch überregional gesteigert.

Zunehmend verstärkte sich in der Stadtverwaltung die Erkenntnis, die komplexen Fragestellungen fachübergreifend und interdisziplinär darzustellen und somit einem Lösungsprozess zuzuführen. Daraus entsteht als unterstützendes Planungsinstrument ein Kartenwerk, das gebäudescharf verschiedene energiebezogene Informationen in den einzelnen Quartieren abbildet. Das GIS verknüpft dabei Datenbanken mit Karten, wobei eine topografische Stadtkarte als Grundlage dient – so können etwa Heizwärmebedarfe einzelner Gebäude, in einem Quartier vorliegende Lebensstile, CO_2-Einsparungspotenziale oder Kosteinsparungsmöglichkeiten übersichtlich abgebildet werden. Herausforderung bei der Erstellung derartiger Karten ist insbesondere die Datenbeschaffung aus unterschiedlichen Quellen – zu nennen ist hier etwa das Landesvermessungsamt, die Wohnungsgesellschaft, die beiden Wohnungsgenossenschaften, die Stadtverwaltung, die Stadtwerke und eigene Erhebungen. Oftmals kommt es vor, dass Daten nicht mehr ausreichend aktuell oder fehlerhaft sind, sodass entsprechend nachrecherchiert werden muss. Diese komplexen Karten dienen vor allem als strategisches Informations- und Planungsinstrument für die Stadt selbst. So kann präzise abgeschätzt werden, wo sich eine ganz gezielte und individuelle Bewohneransprache beispielsweise aufgrund hoher Emissionssparpotenziale oder aufgrund im Ist-Zustand hoher Heizkosten besonders lohnt. Ebenso können Infrastrukturinvestitionen für die Zukunft so für Stadt und Stadtwerke besser abgewogen werden.

Aufbauend auf dem Energieatlas wird schließlich durch ein spezielles Softwaresystem eine agentenbasierte Modellierung entwickelt, in die umfassende Daten aus Bürgerbefragungen zum Umzugsverhalten und zu Präferenzen im Energiebereich einfließen – diese Modellierung wird dann auch in vergleichbaren Städten anwendbar sein. Dieses gezielte Vorgehen wirkt zunächst zwar komplex, wird im Unterschied zum »Gießkannenprinzip« aber ebenfalls als Effizienz im besten Sinne verstanden. Die Stadt Delitzsch stellt sich damit aktiv der Aufgabe, die Energiewende lokal voranzubringen und zu erproben – und dies bei einer zugleich herausfordernden demografischen und haushälterischen Lage. Der Forschungshintergrund des Delitzscher Projekts spiegelt sich im Abschlussbericht der zweiten Projektphase des Bundesforschungsprojekts »Energieeffiziente Stadt« wider.[6] Die Stadt Delitzsch hat sich seit 2010 zum kommunalen Mikrokosmos für Energieeffizienz, nachhaltiges Handeln und umweltpolitischer Selbstverantwortung in Europa entwickelt. Zahllose Interessensgruppen, Berufsverbände sowie Vertreter aus Bundes- und Landespolitik und der Wirtschaft haben sich über das Forschungsprojekt und die Erkenntnisse informiert.

6 Bruckner, T. et al. (2010): Wege in die energieeffiziente urbane Moderne. Entwicklung eines akteursorientierten kommunalen Energiemanagementsystems in Delitzsch. Förderkennzeichen 03SF0364. Abschlussbericht. Online abrufbar unter http://uni-leipzig.de/~effstadt/cms/uploads/media/Abschlussbericht_ProjektphaseII_Delitzsch.pdf (letzter Aufruf: 20.08.2013).

Oliver Genzel

Die nachhaltige soziale Stadt

Bei Recherchen um das Thema »Nachhaltigkeit« wird deutlich, dass in der Regel eine Schwerpunktsetzung auf die Bereiche »Umweltschutz«, »Ökologie«, »Rohstoffe« und »Ressourcen« erfolgt. In der politischen Debatte hat man den Eindruck einer inflationären Verwendung dieses Begriffs in allen möglichen Zusammenhängen und Erklärungen. In diesen Fällen geht Nachhaltigkeit über die Idee des verbindenden Leitkonzepts, der Prüfinstanz für heutige Entscheidungen, die in die Zukunft gerichtet sind, hinaus.

Nachhaltigkeitsstrategien wurden in den letzten Jahrzehnten international im »Brundtland-Report«, national in der »Nationalen Nachhaltigkeitsstrategie« und regional in der »Nachhaltigkeitsstrategie des Freistaates Sachsen« entwickelt. Demnach ist Nachhaltigkeit »gegenwärtiges Denken und Handeln unter dem Gesichtspunkt, die Lebenssituation der heutigen Generationen zu verbessern, ohne die Zukunftsperspektiven der kommenden Generationen zu verschlechtern.«[1]

Bereits 1995 entwickelte die Enquetekommission des *Deutschen Bundestags* »Schutz des Menschen und der Umwelt« in ihrem Abschlussbericht das »Drei-Säulen-Modell«. Darin wird die vorherrschende ökologische Sichtweise um ökonomische und schließlich auch soziale Aspekte erweitert. Diese drei Dimensionen bedingen einander und können nicht losgelöst voneinander betrachtet werden.

Beim Blick auf die spezielle Situation der sozialen Sicherung ist zunächst festzustellen, dass es ein Zusammenwirken von bundesstaatlichen und kommunalen Aufgaben gibt. Das über ein Jahrhundert gewachsene Sicherungssystem mit Kranken-, Renten-, Unfall-, Arbeitslosen- und Pflegeversicherung funktioniert im Grundsatz stabil und ist für den überwiegenden Teil der Bevölkerung verfügbar. Allerdings steht dieses System unter anderem durch den demografischen Wandel sowie durch unterschiedliche Belastungen und Ansprüche finanziell sowie in der Akzeptanz in den kommenden Jahren vor großen Herausforderungen. Dass die sozialen Sicherungssysteme nicht für jeden Einzelfall und jegliche Problemlage aufkommen können, ist angesichts der vorgenannten Punkte verständlich. Durch diese Grenzen ergeben sich allerdings auch Chancen. Sozialer Zusammenhalt, Eigeninitiative und Gemeinschaft sind insbesondere auf lokaler Ebene die Herausforderungen.

Im vertrauten und überschaubaren (Sozial-)Raum bestehen soziale Einrichtungen und Dienste sowie ein in der Regel über lange Jahre gewachsenes Netzwerk das auf die meisten lokalen Anforderungen reagieren kann.

In der sozialen Dimension wird im Zusammenhang mit Nachhaltigkeit die Bildung und Erziehung einschließlich der Kindertagesbetreuung genannt. Bei näherer

1 Wissenschaftliche Dienste des Deutschen Bundestags: Der aktuelle Begriff Nr. 06/2004 – Nachhaltigkeit – publiziert auf www.bundestag.de (letzter Aufruf: 21.11.2013).

Betrachtung unter kommunaler Sichtweise ist festzustellen, dass die Vereinbarkeit von Familie und Beruf, die frühkindliche Bildung und das lebenslange Lernen zu den entscheidenden Punkten innerhalb der Nachhaltigkeitsstrategien zählen.

In der Stadt Delitzsch stehen für Kinder von der Geburt bis zum Ende der Grundschulzeit insgesamt mehr als 1 500 Betreuungsplätze – zumeist Ganztagsplätze – in Kindertageseinrichtungen von der Krippe über den Kindergarten bis hin zum Hort zur Verfügung. Bei rund 25 000 Einwohnern verdeutlicht diese Zahl den Stellenwert der Kinderbetreuung und frühkindlichen Bildung in der Stadt. Sechs verschiedene Träger setzen in den elf Kindereinrichtungen unterschiedlichste pädagogische Konzepte um. Diese reichen in den Schwerpunkten von der offenen Arbeit über Naturverbundenheit hin zu Gesundheitsförderung und konfessionellen Angeboten.

Bei näherer Betrachtung des besonderen pädagogischen Profils jeder einzelnen Kindertagesstätte fällt auf, dass sich die Vielfalt der Träger und Einrichtungen auch in der Umsetzung der Konzeption widerspiegelt. In den beiden Einrichtungen des *Diakonischen Werks Delitzsch/Eilenburg Regenbogen* und *Morgenland* sowie in der Katholischen Einrichtung *St. Franziskus* stehen die religiöse Erziehung und Wertvorstellungen einschließlich der Feste im Kirchenjahr entsprechend der Konfession im Fokus. In der Kindertagesstätte *Regenbogen* spielen und lernen die Kinder in familienähnlichen Gruppen vom Krippen- bis zum Hortalter. Im *Morgenland* sind die Situationsorientierung und der lebensnahe Ansatz der pädagogische Maßstab. Die Katholische Einrichtung *St. Franziskus* hat ebenso den situativen Ansatz als Schwerpunkt, ergänzt durch Bewegung, gesunde Ernährung und Stressregulierung.

Die offene Arbeit in verschiedenen Funktionsräumen ist die Grundidee der pädagogischen Arbeit in der Kindertagesstätte *Am Park* in Trägerschaft des *Sozialverbands Volkssolidarität Nordsachsen*. Die Kinder finden im eingeschossigen Gebäude Räume zum Experimentieren, eine Kinderküche, eine Ideenwerkstatt, Bewegungs- und Theaterräume sowie Spielecken und -zimmer. Durch die Nähe zum Stadtpark und das Außengelände wird zudem der Anspruch eines Natur- und Bewegungskindergartens optimal umgesetzt.

Die vom *Kreisverband Delitzsch* des *Deutschen Roten Kreuzes* betriebene Kindertagesstätte *Bummi* hat als Leitsatz der Einrichtung »In einem gesunden Körper wohnt ein gesunder Geist« gewählt. Im pädagogischen Alltag steht die gesunde Entwicklung der Kinder bei allen Aktivitäten und Projekten im Zentrum.

Beim *Haus der kleinen Forscher* steht in der Einrichtung *Freundschaft* bereits auf der Plakette an der Eingangstür. Situationsorientiert nähern sich die Kleinen und Großen naturwissenschaftlichen Phänomenen und der gesunden Lebensweise an. Ähnliche Konzepte verfolgen auch die beiden weiteren Tageseinrichtungen der *Arbeiterwohlfahrt Nordsachsen*. In der Kindertagesstätte *Sonnenland* steht *Zurück zur Natur* als Leitthema und die Einrichtung *Landmäuse* im Delitzscher Ortsteil Döbernitz haben sich dem Schwerpunkt »Bewegung« verschrieben. In der städtischen Kindertageseinrichtung *Sonnenschein* gilt die pädagogische Maxime nach Maria Montessori: »Hilf mir, es selbst zu tun, aber tu es nicht für mich«. Als Haus der kleinen Forscher und Miteinander-Kinder-Garten steht die Naturverbundenheit an vorderster Stelle.

Abb. 1: Die 2013 errichtete Kindertagesstätte »Zauberhaus« im Passivhausstandard im Ortsteil Schenkenberg (Foto: Jürgen Pietsch).

Die im Ortsteil Schenkenberg/Kertitz neu errichtete Kindertagesstätte *Zauberhaus* (vgl. Abb. 1) setzt – im neuen Gebäude angekommen – das Konzept der teiloffenen Arbeit in der oberen Etage für die Kindergarten- und Hortkinder um. In verschiedenen Angebotsräumen können sie selbstständig tätig werden. Im *Hort am Rosengarten*, als weitere Einrichtung der Stadt und unter einem Dach mit der *Diesterweg-Grundschule*, steht in Erweiterung und Ergänzung zum Schulvormittag die Entwicklung der Kinder zu selbstständig denkenden, aktiven und kooperativen Persönlichkeiten im Vordergrund. Gemeinsam leben und lernen die Kinder aus unterschiedlichen Kulturen und Nationalitäten unter einem Dach. Die im Delitzscher Ortsteil Rödgen ansässige *Heilpädagogische Kindertagesstätte* des *Behindertenzentrums des Landkreises* betreut Kinder mit erhöhtem Förderbedarf. Darüber hinaus besteht mit dem *Bobby-Brederlow-Haus* eine Einrichtung für die Betreuung von geistig behinderten Kindern und Jugendlichen. Träger dieser Betreuungseinrichtung ist der *Lebenshilfe Delitzsch e. V.*

Die bewusste Träger- und Konzeptvielfalt soll im Grundsatz den Eltern eine Wahlmöglichkeit geben. Nicht in jedem Fall ist dies jedoch entscheidend für die Einrichtungswahl. Vielmehr sind die Nähe zur Wohnung oder die aktuelle Verfügbarkeit von Plätzen das Auswahlkriterium. Fast alle Standorte der Kindergärten sind schon seit Jahrzehnten in Betrieb und damit in der Wohnbevölkerung und im Stadtgebiet verankert. Bereits die Eltern- und teilweise die Großelterngeneration haben Teile ihrer

Kindheit dort verbracht. Um auf die heutigen und künftigen Anforderungen an die Kindertageseinrichtungen auch in baulicher und ökologischer Hinsicht vorbereitetet zu sein, wurden im überwiegenden Teil der Einrichtungen bereits grundlegende Sanierungsarbeiten, die Wärmedämmung und brandschutztechnische Ertüchtigung vorgenommen. Damit stehen auch künftigen Kindergenerationen diese gewachsenen Tagesstätten an bekannten und akzeptierten Standorten zur Verfügung.

In den 1990er Jahren wurden die bestehenden Einrichtungen im Grundsatz für die Nutzung als Kindertagesstätten beibehalten. Unter Berücksichtigung der sinkenden Geburtenraten wurden die Standorte allerdings nicht aufgegeben oder wie in vergleichbaren Städten abgerissen. Vielmehr wurde über eine weiterführende Nutzung der Bestand gehalten. In Teilen der Gebäude richteten die Wohlfahrtsverbände alternative Angebote insbesondere für die älter werdende Bevölkerung ein. Beispiele sind die Sozialstation, Tagespflege und Seniorenbegegnungsstätte der Arbeiterwohlfahrt in der Kindertagesstätte *Freundschaft* im Delitzscher Osten oder eine ähnliche Nutzung durch die *Diakonie* in der Kita *Regenbogen* im Norden der Stadt. Zudem hat das *Soziokulturelle Zentrum* mit dem Mehrgenerationenhaus (vgl. Abb. 2) in unmittelbarer Nachbarschaft der Kindertagesstätte *Bummi* sein Domizil, dessen vollständige bauliche Sanierung 2013 abgeschlossen werden konnte. Regelmäßige Treffen von Kindergarten- und Hortkindern mit Senioren, Oma-Patenschaften, Lese- und Sportstunden gehören ebenso dazu wie Näh- und Schneiderkurse sowie Kreativnachmittage.

Abb. 2: Generationenübergreifender Sportvormittag im Mehrgenerationenhaus des Soziokulturellen Zentrums (Foto: Soziokulturelles Zentrum Delitzsch).

Ganz neue Wege in der Architektur und Bauweise konnten bei den Neubauten bzw. Komplettsanierungen der Kindertagesstätten *Zauberhaus* im Delitzscher Ortsteil Schenkenberg, *Sonnenschein* in der Altstadt am Barockschloss, *St. Franziskus* im Stadtgebiet Ost, *Landmäuse* im Ortsteil Döbernitz sowie im *Hort am Rosengarten* in der Innenstadt gegangen werden. Veränderte Raumstrukturen und großzügigere Gemeinschaftsflächen bieten einen guten Rahmen für die pädagogische Arbeit.

In der Kinderkrippe erleben die Kinder bis zum dritten Geburtstag ergänzend zur Familie erste Bildungsangebote. Neben der liebevollen Betreuung und Tagesgestaltung lernen die Kleinsten in der sozialen Gemeinschaft. Alternativ zur Erziehung und Betreuung zu Hause besteht zudem das vielfältige Angebot bei den momentan 15 Tagesmüttern, die vor allem Kleinstgruppen betreuen. Der Kindergarten mit der integrierten Vorschule in den letzten beiden Jahren vor Einschulung bereitet die Mädchen und Jungen mit unterschiedlichsten Lernangeboten auf die Schule vor. Trotzdem bilden dabei das »Kindsein« und das Spiel immer noch Schwerpunkte des Kindergartentags.

Neben der eigenen Schwerpunktsetzung im Rahmen des Einrichtungskonzepts steht darüber hinaus noch der vom *Sächsischen Staatsministerium für Soziales* veröffentlichte »Sächsische Bildungsplan« zur Verfügung.[2] Als Handlungsleitfaden für die pädagogische Arbeit gibt er mit seiner kindgerechten Lernpädagogik Orientierung. Im Rahmen einer landesweiten Fortbildungsoffensive wurden die Erzieherinnen und Erzieher mit einem Curriculum zur Umsetzung des Bildungsauftrags geschult.

Kindertageseinrichtungen bilden mit einem ganzheitlichen Bildungs-, Erziehungs- und Betreuungsauftrag insbesondere soziale Kompetenzen, Wissen und Können sowie die Gestaltung von Lernprozessen. Die Lehrpläne der allgemeinbildenden Schulen bauen auf dem Kenntnis- und Fertigkeitsstand des Kindergartens auf.

Die Stadt Delitzsch verfügt als Mittelzentrum über alle Formen der allgemeinbildenden Schulen. Dabei ist die Stadt selbst Schulträger der drei Grund- und der beiden Oberschulen. In Schulträgerschaft des Landkreises bestehen im Stadtgebiet zudem zwei Förderschulen sowie das nach dem Naturforscher und Mikrobiologen Christian Gottfried Ehrenberg (1795–1876) benannte Gymnasium mit zwei Standorten. Das *Berufsschulzentrum Hermann Schulze-Delitzsch* mit verschiedenen Bildungsgängen und die private Fachschule *Theaterakademie Sachsen* schlagen sodann die Brücke in das Arbeitsleben. Mit Angeboten zum lebenslangen Lernen sind die *Kreisvolkshochschule* sowie die *Kreismusikschule Heinrich Schütz* in Delitzsch vertreten.

Im Sächsischen Schulgesetz wird die Grundschule beauftragt, die Mädchen und Jungen zu den weiterführenden Bildungsgängen zu führen. Damit schafft die Grundschule mit der Vermittlung und Sicherung von Kulturtechniken des Lesens, Schreibens und Rechnens aber auch mit der Entwicklung von selbständigem Denken, Lernen und

2 Der Sächsische Bildungsplan – Leitfaden für pädagogische Fachkräfte in Krippen, Kindergärten und Horte sowie für Kindertagespflege 2007 publiziert auf http://www.kita.sachsen.de/10603.htm (letzter Aufruf: 30.09.2013).

Arbeiten den schulischen Grundstock für die weitere Bildungslaufbahn.[3] Etwa 750 Mädchen und Jungen der ersten bis vierten Klassen besuchen momentan die drei Delitzscher Grundschulen. Durch die bestehende Schulbezirkssatzung wird den einzelnen Wohnadressen eine bestimmte Grundschule in der Stadt zugewiesen. Insbesondere aus den Delitzscher Ortteilen legen die Schülerinnen und Schüler mit dem bestehenden Schülerverkehr per Bus oder individuell den Weg zur Schule im Stadtgebiet zurück.

Als Schulgebäude der Grundschulen werden Bauten aus unterschiedlichsten Epochen genutzt. Die *Diesterweg-Grundschule* im Stadtzentrum befindet sich in einem Gebäude, dass bereits seit 1899 als Schule erbaut worden ist. Im Delitzscher Osten befindet sich die *Grundschule Ost* in einem 1965 errichteten Gebäude und im Norden wird für die *Grundschule am Rosenweg* ein um 1980 errichteter Zweckbau genutzt. Alle drei Grundschulstandorte wurden zwischen 2002 und 2013 grundhaft saniert und für die Ansprüche der Schüler hergerichtet. Die *Grundschule am Rosenweg* hat mit der 2013 abgeschlossenen baulichen Sanierung auch einen Fahrstuhl erhalten und ist somit für die Inklusion, d.h. einer gleichberechtigten Teilnahme von Kindern mit körperlichen Einschränkungen am Schulunterricht, geeignet.

In der in der Innenstadt gelegenen *Diesterweg-Grundschule* besteht seit Anfang 2012 mit dem im Dachgeschoss befindlichen *Hort am Rosengarten* ein gemeinsames pädagogisches Ganztagsangebot in einem Haus. An den beiden anderen Grundschulstandorten erfolgt die Hortbetreuung in den bestehenden Kindereinrichtungen im Schulumfeld. Dazu kooperieren diese Schulen mit zwei bzw. vier verschiedenen Horten, auf die sich die Kinder aufteilen. Grundsätzlich ist die Hortbetreuung wochentags bis 17.00 Uhr allgemein gegeben, eine Einrichtung bietet die Möglichkeit der Betreuung bis 18.00 Uhr und im *Soziokulturellen Zentrum* mit dem Mehrgenerationenhaus kann die Betreuung auch bis 20.00 Uhr abgesichert werden. Damit kann auch alleinstehenden und berufstätigen Müttern und Vätern die Möglichkeit der Betreuung ihres Kindes angeboten und somit der Arbeitsplatz gesichert werden. Erste Modelle im Freistaat setzen bereits heute auf andere Varianten der Ganztagsbetreuung mit einer gemeinsamen pädagogischen Arbeit und Tagesstrukturierung von Grundschule und Hort unter einem Dach bzw. in unmittelbarer räumlicher Nähe.

Die Oberschule als Regelschule für die Schülerinnen und Schüler der fünften bis zehnten Klasse schafft die Voraussetzungen für die berufliche Qualifizierung durch allgemeine und berufsvorbereitende Bildung. In den beiden Oberschulen der Stadt Delitzsch werden fast 900 Mädchen und Jungen unterrichtet. Die *Artur-Becker-Oberschule* befindet sich in einem 1976 fertiggestellten Gebäude im Osten der Stadt, die *Oberschule Delitzsch-Nord* in einem nur wenige Jahre später fertiggestellten Zweckbau im Wohngebiet Nord. Beide Schulgebäude wurden mit ersten Sanierungsmaßnahmen für den weiteren Schulbetrieb gesichert. In den kommenden

3 Schulgesetz für den Freistaat Sachsen (SchulG) in der Fassung der Bekanntmachung vom 16.07.2004 publiziert auf www.revosax.sachsen.de (letzter Aufruf: 30.09.2013).

Jahren sind umfassende Modernisierungsmaßnahmen einschließlich der energetischen Sanierung der Gebäudesubstanz geplant. Der Beginn dieser Maßnahmen ist bereits im aktuell bestehenden Doppelhaushalt der Stadt 2013/14 fest verankert. An beiden Oberschulen gibt es zahlreiche Projektgruppen und Arbeitsgemeinschaften, die am Nachmittag hauptsächlich in den naturwissenschaftlichen und künstlerischen Bereichen Angebote unterbreiten. Dass sich daran der übergroße Anteil der Schülerinnen und Schüler beteiligt, spricht für die Beliebtheit dieser Freizeit- und Bildungsangebote.

Außerhalb der bereits benannten Institutionen hat sich in den letzten Jahren und Jahrzehnten ein vielfältiges Vereinsleben in der Stadt und in den Ortsteilen herausgebildet. Neben historisch gewachsenen Gemeinschaften etablieren sich immer wieder neue Vereine in der Stadt. Wie viele Menschen sich in den Vereinen organisieren und engagieren, kann nur geschätzt werden. Allerdings spricht die Zahl von 130 eingetragenen Vereinen (bei 25 000 Einwohnern) bereits für sich. Dabei sind diese in ihrer Zielsetzung und räumlichen Einbindung sehr unterschiedlich, insgesamt aber ein Garant für das Gemeinwohl und die gegenseitige Unterstützung.

Mehr als die Hälfte der Vereine sind in den Bereichen »Kleingärten«, »Sport« und »Kultur« zugeordnet. Damit stellen diese in Selbstverwaltung und Eigenorganisation einen Teil der organisierten Freizeitgestaltung und Erholung sicher. Insbesondere in den Sportvereinen finden alle Altersgruppen – vom Kinder- bis zum Seniorenalter – in den unterschiedlichsten Sportarten eine Herausforderung. Die über 20 Kleingartenvereine mit über 1 900 Gärten im Stadtgebiet bewirtschaften ausgedehnte Flächen mit dem Anbau von Obst und Gemüse und dienen Erholungszwecken. Weitere Vereine sind im Bereich des Rettungsdiensts und der Wohlfahrtspflege tätig, als Fördervereine der bestehenden Kindergärten und Schulen eingetragen oder beschäftigen sich mit ökologischen Angelegenheiten bis hin zum Tierschutz.

Neben diesem formell in Vereinsstrukturen verankerten Engagement gibt es Initiativen und Selbsthilfegruppen, die temporär oder auf längere Zeit angelegt sind. Insbesondere im Gesundheitsbereich ist die Selbsthilfe für verschiedene Krankheiten neben der Primär- und Sekundärversorgung ein wesentlicher Bestandteil der Genesung bzw. im Umgang mit Krankheit. Mit dem in der Innenstadt gelegenen modernen Kreiskrankenhaus (vgl. Abb. 3), den zahlreichen niedergelassenen Ärzten in allen Fachbereichen, einem dichten Netz an Apotheken und Physiotherapeuten bietet die Stadt Delitzsch ein Netz von medizinischen Versorgungseinrichtungen, die weit über eine Grundversorgung hinausgehen.

Dem bürgerschaftlichen Engagement in den unterschiedlichsten Strukturen wird künftig noch stärker als bisher eine tragende Rolle zukommen. Neben dem zeitweiligen – zumeist projektbezogenem – Engagement wird es über gezielte und motivierende Ansprache zu verlässlichen Vereinbarungen kommen müssen. Insbesondere überregionale Großorganisationen klagen über mangelndes Engagement. Für lokale Initiativen und Vereine mit ihren sehr speziellen Themen, die noch dazu sehr nah am Menschen sind, ist die Bereitschaft zur freiwilligen Mitarbeit gegeben.

Abb. 3: Kreiskrankenhaus (Foto: Jürgen Pietsch).

Besonders in den sozialen Bereichen wie Pflege, Kinder- und Jugendarbeit sowie Altenbetreuung wird es unter fiskalischen Aspekten über eine professionelle hauptberufliche Grundversorgung hinaus Freiwilligenstrukturen geben müssen. Freiwillige Helfer ermöglichen den professionellen Kräften mehr Zeit und Aufmerksamkeit für ihre eigentliche Tätigkeit.

Zukünftige ältere Generationen werden sich weiterstgehend selbst entscheiden, wie sich ihr Leben insbesondere im Lebensabend gestaltet und wie sie wohnen oder auch gepflegt werden. Allerdings sind sie gerade bei einem langen eigenständigen Leben auf Hilfe und Unterstützung von Angehörigen, aber auch von anderen Personen aus einem eigenen Netzwerk angewiesen. Angefangen bei Pflege und Reinigung über Einkauf bis hin zu den Behördengängen, jeden einzelnen Handgriff teuer zu bezahlen, wird nicht möglich sein. Andererseits ist es aber mit den bereits genannten Prämissen langfristig auch möglich, im gewohnten Lebens- und Wohnumfeld zu verbleiben.

Um dies umzusetzen ist es aber auch notwendig, Anreize für das Ergreifen von Pflegeberufen und für das freiwillige Engagement zu schaffen. Freiwilligenagenturen oder -börsen sind dafür eine hilfreiche Organisationsform, die zudem Beratung und Fortbildung, aber auch Austausch ermöglichen. Zentraler Punkt ist allerdings die persönliche Ansprache von potenziellen Freiwilligen.

Abb. 4: Büchersäule und Buchbestände zu Themen der frühkindlichen Bildung bis zur Energieeffizienz in der Stadtbibliothek (Foto: Stadt Delitzsch).

An den elf Kindertagesstätten, drei Grundschulen, zwei Oberschulen, einem Gymnasium, einer Bibliothek (vgl. Abb. 4), zwei Förderschulen und einem Behindertenzentrum mit Werkstätten sowie einer Musikschule lässt sich ablesen, welchen Stellenwert Bildung und die Integration behinderter Menschen in der Stadt einnimmt. Tiergarten, Barockschloss mit Museum (vgl. Abb. 5), Standesamt, Tourismusinformation, Musikschule und Veranstaltungskeller, sowie das Sportbad bürgen für Lebensqualität, die durch Sport-, Kultur-, Sozial- und Fördervereine im Stadtgebiet und in den Ortsteilen eine weitere Belebung erfährt. Die verschiedenen in der Stadt und in den Ortsteilen wirkenden Kirchengemeinden, die kirchlichen Sozialverbände und karitativen Einrichtungen des Kirchenkreises und der Landeskirchen wirken ebenso aktiv und kreativ wie auch andere Träger von Seniorenbetreuungseinrichtungen.

Abb. 5: Barockschloss mit Lustgarten (Foto: Manfred Wilde).

Die Stadt Delitzsch mit ihrem großen Stadtpark, der Wallgrabenpromenade, dem Auengebiet am Loberbach, der Landschaft mit dem Werbeliner-, Schladitzer- und Neuhäuser See sowie mit den Parkanlagen in den Ortsteilen Schenkenberg und Beerendorf gehört zu den grünsten Städten in Mitteldeutschland.

Zusammenfassend ist festzustellen, dass in der Stadt Delitzsch verlässliche institutionelle Strukturen für die Nachhaltigkeit im sozialen Bereich bestehen. Weiterführendes freiwilliges Engagement sollte als Chance für die künftigen Entwicklungen stärker als bisher genutzt werden. Nicht nur eine entsprechende Basis ist vorhanden, vielmehr sind damit feste Strukturen verankert worden, die Ausdruck für eine familienfreundliche Politik und Generationengerechtigkeit einer nachhaltig agierenden Kleinstadt sind.

André Planer

Nachhaltigkeit in der kommunalen Wohnungswirtschaft

Aus der Tatsache heraus, dass Gebäude eine lange Lebensdauer haben und erhebliche materielle wie energetische Ressourcen in ihrer Herstellung binden, spielte die Thematik der Nachhaltigkeit in unterschiedlich starker Ausprägung schon immer eine Rolle im Wohnungsbau und in der Wohnungswirtschaft.

Zunächst war der Nachhaltigkeitsgedanke eher durch wirtschaftliche Aspekte und soziale sowie gesellschaftliche Anforderungen geprägt. Zwischenzeitlich rückt zunehmend das Umweltbewusstsein in den Fokus der Immobilienbranche. Ähnlich wie in anderen Bereichen lassen sich die drei Dimensionen der Nachhaltigkeit »Wirtschaft«, »Gesellschaft« und »Umwelt« auch in der Immobilienwirtschaft nicht immer gleich miteinander in Einklang bringen und lösen zunächst Zielkonflikte aus.

Der *GdW Bundesverband deutscher Wohnungs- und Immobilienunternehmen e. V.* definierte 2012 den Zusammenhang von Wohnungswirtschaft und Nachhaltigkeit wie folgt: »Wohnungsunternehmen realisieren gutes und sicheres sowie energieeffizientes und bezahlbares Wohnen für breite Schichten der Bevölkerung. Sie gestalten durch ihr Engagement bei integrierter Stadtentwicklung und Stadtumbau die Strukturanpassung der Wohnquartiere an zukünftige Bedürfnisse und sorgen so für ein positives Wohnklima. Sie bauen, modernisieren und bewirtschaften ihre Wohnungen ressourcenschonend sowie energieeffizient und beziehen dabei die Bewohner aktiv mit ein. Sie tragen mit attraktiven Dienstleistungen und sozialem Management zu einer Wohnsituation bei, die den sozialen Frieden in kulturell vielfältigen Wohnquartieren erhält und ein nachbarschaftliches Zusammenleben fördert. Die Umsetzung dieser Tätigkeit im Rahmen wirtschaftlicher Rentabilität ist gelebte Nachhaltigkeit im Dreiklang aus Ökonomie, Ökologie und sozialer Verantwortung. Sie prägt das strategische Handeln der Branche. [...]«[1]

In diesem Kontext ist auch die *Wohnungsgesellschaft der Stadt Delitzsch mbH* (WGD) proaktiv tätig. Sie ist das kommunale Wohnungsunternehmen der Stadt Delitzsch und wurde im Jahr 1994 durch Umwandlung eines kommunalen Eigenbetriebs gegründet. Der Gesellschaftszweck besteht darin, im Rahmen der kommunalen Aufgabenstellung vorrangig eine sozial verantwortbare Wohnungsversorgung für breite Schichten der Bevölkerung sicherzustellen, die kommunale Siedlungspolitik und Maßnahmen der Infrastruktur zu unterstützen, städtebauliche Ent-

---

1 GdW Bundesverband deutscher Wohnungs- und Immobilienunternehmen e. V.: Ökonomie, Ökologie und soziale Verantwortung. 7.8.2012. In: http://web.gdw.de/energie-und-klimaschutz/nachhaltigkeit (letzter Aufruf: 12.01.2014).

wicklungs- und Sanierungsmaßnahmen durchzuführen und Beteiligungen zu halten und zu verwalten.[2]

Mit einem Bestand von etwa 2 500 Einheiten besitzt das Unternehmen etwa 20 % der Wohnungen der Stadt Delitzsch und hat damit einen nicht unerheblichen Einfluss auf den regionalen Immobilienmarkt. Der Gebäudebestand mit einem Wert von rund 80 Mio. € verteilt sich über das gesamte Stadtgebiet, wobei die Wohngebiete Delitzsch-Nord, Delitzsch-Ost und -West die Schwerpunkte bilden. Hierbei handelt es sich um Gebiete des industriellen Wohnungsbaus in Großplattenbauweise, die in den Jahren von 1960 bis 1988 als Reaktion auf den Wohnraummangel infolge der Zuwanderung durch die Auswirkungen des Zweiten Weltkriegs, den Wohnungsbedarf im Zusammenhang mit dem ab 1974 einsetzenden Abbruch mehrerer Dörfer in der Umgebung für die Förderung von Braunkohle sowie der 1979 erfolgten Dienstaufnahme eines Militärstandorts entstanden sind.

Bei den Häusern handelt es sich überwiegend um vier- bis sechsgeschossige Typenbauten, die zwischen 30 und 60 Wohnungen Platz bieten. Die Vermietung von Gewerbeeinheiten spielt bei der WGD eine untergeordnete Rolle und macht nur etwa 1 % des Bestands aus.

Das Wohnen stellt seit jeher einen wichtigen Faktor in der Entwicklung von Städten und Gemeinden dar. Die Attraktivität von Kommunen definiert sich nicht zuletzt über die Möglichkeiten, schön und sicher zu wohnen. Diesem Anspruch und Auftrag stellt sich die WGD seit ihrer Gründung und sie ist bestrebt, neben wirtschaftlichen Aspekten auch die kommunalpolitische Sicht und den Stadtumbau zu berücksichtigen. So hat die WGD eine wichtige Rolle im Hinblick auf die Energieeffizienz und energetische Modernisierung übernommen. Der Gebäudebestand des Unternehmens wurde in den letzten 20 Jahren fast vollständig modernisiert und energetisch saniert. Zunächst geschah dies im Rahmen der Anforderungen des Altschuldenhilfegesetzes, welches Wohnungsunternehmen unter anderem verpflichtete, ihre Wohnungen und Häuser baulich und energetisch zu sanieren. Wurde diese Auflage erfüllt, konnten die Unternehmen nicht unerhebliche Reduzierungen der aus der Zeit der sozialistischen Planwirtschaft vor 1990 stammenden sogenannten Altschulden erreichen.

Diese erste große Sanierungswelle wurde in der Stadt Delitzsch von 1994 bis 1999 umgesetzt. Dabei wurden die wesentlichen Bauteile der Gebäude, wie Dächer, Fassaden, Fenster, Versorgungsleitungen, Sanitäreinrichtungen und Heizungen erneuert und den zeitgemäßen Standards angepasst.

Neben der Verbesserung der Wohnqualität wurden mit diesen Maßnahmen auch erhebliche Senkungen bei den Energiekosten erreicht. Zusätzliches Einsparpotenzial wurde durch den Einbau von Mess- und Zähleinrichtungen in den Wohnungen, die den individuellen Verbrauch der Bewohner erfassen, gehoben. Bis zu diesem Zeitpunkt hat

2 Gesellschaftsvertrag Wohnungsgesellschaft der Stadt Delitzsch mbH vom 11.11.2009.

es in diesem Wohnungsbestand keine individuelle Verbrauchserfassung durch Zählereinrichtungen gegeben.

Nach diesen regulatorischen Maßnahmen in den 1990er Jahren spielten ab etwa der Jahrtausendwende zunächst die demografische Entwicklung und folgend auch ökologische Fragestellungen eine zunehmende Rolle bei der Sanierung sowie beim Neubau von Gebäuden. Die erwarteten oder auch bereits eingetretenen Veränderungen in der Bevölkerungsstruktur und die sich verändernde gesellschaftliche Relevanz und Akzeptanz des Themas »Energieeffizienz« verlangten Anpassungen in der strategischen Ausrichtung des kommunalen Unternehmens.

Dem Rückgang und der Neustrukturierung der regionalen Wirtschaft in den 1990er Jahren folgte, wie in allen östlichen Bundesländern, eine Abwanderung der Bevölkerung. Vor allem junge Bewohner verließen auf der Suche nach Arbeit die Stadt und die Region in Richtung westdeutsche Ballungszentren. Diese Entwicklung, verstärkt durch einen Sterbeüberhang, führte zu einem erheblichen Nachfragerückgang bei Mietwohnungen und somit zu hohen Leerständen. Bei der kommunalen Wohnungsgesellschaft gipfelte dieser Leerstand im Jahr 2001 bei 15 %. Im Vergleich zu vielen anderen sächsischen und ostdeutschen Kommunen war dieser Wert zwar moderat, gab aber trotzdem ausreichend Anlass, um mit entsprechenden Maßnahmen zeitnah gegenzusteuern.

Im Jahr 2001 wurde auch von der WGD mit dem Abriss nicht mehr benötigter Wohnungen bzw. Gebäude begonnen. In den darauffolgenden Jahren bis 2013 wurden von den beiden Großvermietern in Delitzsch, der *Wohnungsbaugenossenschaft »Aufbau« eG* und der WGD, etwa 1 200 Wohnungen vom Markt genommen und die Bausubstanz zurückgebaut und so ein wichtiger Beitrag zur Stabilisierung des Wohnungsmarkts geleistet.

Kritisch bleibt anzumerken, dass diese Marktbereinigung nur durch und zu Lasten kommunaler und genossenschaftlicher Großvermieter erfolgte und nach wie vor erfolgt. Trotz staatlicher Förderung binden die Abrisse und die damit im Zusammenhang stehenden Maßnahmen nicht unerhebliche finanzielle und personelle Ressourcen bei den Unternehmen.

Die institutionelle Wohnungswirtschaft hat sich im eigenen Interesse aber auch zum Nutzen anderer Vermieter dieser wichtigen gesellschaftlichen Aufgabe gestellt und in Delitzsch zumindest annähernd ein Marktgleichgewicht hergestellt. Gegenwärtig beträgt der Wohnungsleerstand bei der WGD etwa 7 %. Diese Quote ist in den letzten fünf Jahren konstant, kann aber nur durch die Fortschreibung im Rückbau gehalten werden. Zwischenzeitlich spielt allerdings nicht die Abwanderung die dominierende Rolle bei der Bevölkerungsentwicklung, sondern hohes Alter und Tod. Kündigungen nach Sterbefällen oder durch den Umzug in Pflegeeinrichtungen können noch nicht durch Neuvermietungen an junge Erwachsene oder Familien kompensiert werden. Dabei ist natürlich auch zu beachten, dass im gleichen Zeitraum der individuelle Wohnhausbau stark zugenommen hat.

Auf der anderen Seite fehlen auch heute noch durch den »Geburtenknick« zu Beginn der 1990er Jahre – dem sogenannten Wendeknick – die Haushaltsgründer und Nachfrager nach Wohnraum in den Großwohnsiedlungen. Der Saldo aus Abwanderung und Zuzug tendiert allerdings gegen Null, da zunehmend Bewohner der Umlandgemeinden bzw. aus ländlichen Regionen nach Wohnungen in Delitzsch nachfragen. Dieser Trend ist unter anderem den problematischen infrastrukturellen Entwicklungen des ländlichen Raums geschuldet. Fehlende ärztliche Versorgung, reduzierte Einkaufsmöglichkeiten sind nur einige Faktoren, die vornehmlich ältere Bewohner in das attraktive Mittelzentrum Delitzsch ziehen lässt. Hinzu kommt, dass auch ehemalige Delitzscher, die der Arbeitsstelle wegen ihre Heimat verlassen hatten, nachdem sie sich im Ruhestand befinden, wieder nach Delitzsch zurückkehren.

In den 1990er Jahren konnten sowohl WGD als auch die örtliche Wohnungsbaugenossenschaft wesentlich zur Eigentumsbildung im Bereich des Wohnens beitragen. Auslöser war auch hier, neben wirtschaftlichen Erwägungen, das Altschuldenhilfegesetz, welches als weitere Bedingung für eine Entschuldung den Verkauf von 15 % des Wohnungsbestands an Mieter direkt sowie diesen gleich- oder nahestehenden Personen vorsah. Eigentumsbildung ist im Hinblick auf Nachhaltigkeit ein nicht zu unterschätzendes Thema, da eine Entscheidung für die eigene Immobilie in der Regel nicht von Kurzfristigkeit geprägt ist und somit die Bewohner an die Stadt und das Wohngebiet bindet. Auch im Hinblick auf das Erscheinungsbild, das Umfeld und energetische Aspekte der Wohnanlagen ist eine hohe Eigentumsquote vorteilhaft, da sich die Eigentümer anders mit ihren Wohnungen identifizieren als Mieter, die häufig nur zeitlich befristet eine bestimmte Wohnung beziehen. Die WGD konnte in den Jahren 1994 bis 2000 fast 600 Wohnungen in neu gegründeten Wohneigentumsanlagen und kleineren Siedlungshäusern überwiegend an Selbstnutzer veräußern. Im Zuge der Bildung von Wohnungseigentum wurden Gebäude und Haustechnik umfassend saniert und modernisiert, mit positiven Auswirkungen auf das Stadtbild und Energieeffizienz.

Ein weiterer positiver Effekt im Sinne der Eigentumsbildung und damit einer Facette der Nachhaltigkeit wurde mit dem Verkauf von Flächen für den Eigenheimbau erzielt. Hierfür wurden Grundstücke verwendet, auf denen ehemals Platten- bzw. Blockbauten standen, die aufgrund der demografischen Entwicklung abgerissen werden mussten. Da diese Flächen erschließungstechnisch und infrastrukturell durch die ehemalige Bebauung sehr gut geeignet und mit wenig Aufwand herzurichten waren, konnten die neu entstandenen Grundstücke zu moderaten Preisen zum Teil in Wunschgrößen in sehr kurzer Zeit veräußert werden. Die Wohnungsgenossenschaft ist dem Vorbild der WGD gefolgt und hat in unmittelbarer Nachbarschaft im Stadtgebiet Ost ebenfalls eine ehemalige Rückbaufläche in Eigenheimgrundstücke umgewandelt. Durch die Nutzung der infrastrukturellen Voraussetzungen konnte die Nachhaltigkeit in der wohnungswirtschaftlichen Kreislaufwirtschaft eine besondere Berücksichtigung erfahren. Allerdings bieten sich nur wenige dieser Flächen, auf denen vormals Großplattenwohnblöcke standen, zur neuerlichen Vermarktung an. Soweit die Möglichkeit der Folgenutzung aber besteht, wird sie genutzt, da somit nur begrenzt neue Flächen erschlossen werden müssen und Ressourcen geschont werden.

Das Agieren der großen Wohnungsunternehmen in Delitzsch hat neben den Auswirkungen auf den regionalen Immobilienmarkt auch erheblichen Einfluss auf die Sozialstruktur der Stadt. Das Vernachlässigen von Quartieren durch die Unterlassung von Sanierungen, Instandsetzungen, Pflege und Aufwertungen führt in vielen Städten regelmäßig zu Problemen im sozialen Gefüge und zu Unzufriedenheit bei der Bevölkerung. Daher kommt in erster Linie der Stadt gemeinsam mit dem kommunalen Wohnungsunternehmen eine wichtige Rolle bei der Wahrung des sozialen Friedens zu. Natürlich bedürfen unterschiedliche soziale Gruppen unterschiedlicher Wohnungen und haben abweichende Ansprüche an Ausstattung sowie Wohnumfeld, aber trotzdem darf keine Vernachlässigung einzelner Quartiere erfolgen. Insbesondere soll die Segregation eingeschränkt und möglichst vermieden werden. Dies stellt sich natürlich in der Praxis nicht einfach dar, da bestimmte Quartiere oder Gebäude aufgrund ihres baulichen Zustands und der Miethöhe vorrangig von Personen oder Familien mit gleichen Einkommens-, Bildungs- und/oder Migrationshintergrund nachgefragt werden und sich Klischees für einzelne Gebiete gebildet haben.

Positive Effekte konnten in der Vergangenheit unter anderem durch die farbliche Aufwertung der Gebäudefassaden (vgl. Abb. 1 und Abb. 2) und Treppenhäuser sowie des Wohnumfelds, insbesondere in Plattenbaugebieten erzielt werden. Frische leuchtende Farben, gepflegte und grüne Außenanlagen sowie Spielplätze geben den Wohngebieten mehr Identität und Individualität. Zielgerichtet wurden die Maßnahmen über verschiedene Quartiere verteilt, um nicht den Eindruck der Vernachlässigung einzelner Bereiche zu erwecken.

Auch die Auflockerung des Bestands in einzelnen Quartieren durch den oben beschriebenen Abriss im Zusammenhang mit der demografischen Entwicklung hat sich positiv auf die Entwicklung der Standorte ausgewirkt. Beispielhaft kann hier das Gebiet Delitzsch-West genannt werden. War das Gebiet Ende der 1990er Jahre ein sozialer Brennpunkt mit zahlreichen Auseinandersetzungen und Konflikten, herrscht heute nach dem Abriss von etwa zwei Dritteln, des Wohnungsbestands ein weitestgehend friedliches Miteinander – trotz eines höheren Anteils von Spätaussiedlern aus Russland und sozial schwachen Mietern. Neben der Reduzierung der vormaligen Enge der Bebauung wurden die verbleibenden Gebäude saniert und optisch aufgewertet sowie im Rahmen von geförderten Stadtumbaumaßnahmen Spielplätze und Grünanlagen errichtet.

Der bereits erwähnte Rückbau von Wohnungen stellt nur eine Reaktion auf den demografischen Wandel dar. Die Bevölkerung und damit auch die Mieter der WGD werden immer älter. Mit zunehmendem Alter und damit einhergehenden körperlichen und geistigen Einschränkungen verändern sich auch die Anforderungen an die Wohnsituation. Treppen, Türschwellen, Podeste werden zu Hindernissen und Gefahrenquellen. Nach der »*Generali* Altersstudie 2013«[3] ist in Deutschland nur etwa 1 % der Wohnungen altersgerecht umgebaut. Demgegenüber steht der Wunsch vieler Bewohner trotz ihres Alters oder einer Behinderung möglichst lange und unabhängig in der eigenen Wohnung bleiben zu können. Hier müssen die Vermieter reagieren und nach Möglichkeiten suchen, um den Wohnungsbestand durch Schaffung größtmöglicher Barrierefreiheit und den Einsatz von Altersassistenzsystemen zukunftsfähig zu machen. Hohe und steigende Kosten in der stationären Pflege erhöhen zusätzlich den gesellschaftlichen Druck hin zu ambulanten Formen der Pflege und Unterstützung in der eigenen Wohnung.

Abb. 1: Attraktive neue Giebelgestaltung an einem um 1962 errichteten und sanierten Wohnblock in der Käthe-Kollwitz-Straße 2 im Stadtgebiet Ost (Foto: Daniel Kaiser).

3 Generali Altersstudie 2013: Wie ältere Menschen leben, denken und sich engagieren. Frankfurt/M. 2012. Vgl. auch Bundeszentrale für politische Bildung, Schriftenreihe Band 1348. Bonn 2013.

Abb. 2: Fassaden- und Giebelgestaltung im Wohngebiet Nord mit den Porträts von Christian Gottfried Ehrenberg und Herrmann Schulze-Delitzsch, 2012 (Foto: Daniel Kaiser).

Erste Schritte in diese Richtung hat auch die WGD in den vergangenen Jahren bereits unternommen. Neben der allgemeinen Reduzierung von Barrieren durch Absenkung von Schwellen und Schaffung von Rampen kommt dem Umbau von Bädern eine immer größere Bedeutung zu. Der Austausch der Badewanne gegen eine Dusche ist zunehmend gefragt, da vielen älteren Bewohnern der Einstieg in die Wanne zu beschwerlich wird. Auch die Installation zusätzlicher Haltegriffe führt in einigen Fällen zu einer Verbesserung der Situation. Der Anbau von Balkonen (vgl. Abb. 3) ist ein geeignetes Mittel, um Wohnungen insgesamt attraktiver zu machen. Die Förderkulisse des Bundes- und Länderprogramms »Stadtumbau Ost« nutzte auch die WGD und ließ in der Vergangenheit 320 Balkone überwiegend an Zweiraumwohnungen im Wohngebiet Delitzsch-Ost installieren.

In Zusammenhang mit der Anpassung der Wohnungsbestände an den demografischen Wandel können mit der Schaffung ebenerdig zugänglicher Fahrrad- und Rollatorenabstellplätze weitere Erleichterungen für die älteren Mieter geschaffen werden. Denn es stellt wirklich ein Problem dar, die Fahrräder in die im Keller befindlichen Abstellräume zu bringen. Außerdem behindern in den Hausfluren und Treppenhäusern abgestellte Rollatoren und Gehhilfen häufig die Zugänglichkeit und die Fluchtwege. Um Abhilfe zu schaffen, wurden beispielsweise günstig gelegene ehemalige Transformatorenstationen zu barrierefreien Abstellmöglichkeiten umgebaut und interessierten Mietern zur Verfügung gestellt. Auch dies bildet wiederum ein Beispiel der Nachnutzung vorhandener Ressourcen. Künftig sollen weitere Abstellmöglichkeiten dieser Art errichtet werden. Auch kleinere Boxen für ein bis drei Rollatoren sollen an weiteren Standorten aufgestellt werden, um die Situation in den Hausfluren zu entspannen und andererseits den Anforderungen des Brandschutzes gerecht zu werden.

Abb. 3: Balkonanbau und Solarthermie am Wohngebäude J.-R.-Becher-Straße 11–14 im Wohngebiet Delitzsch-Ost (Foto: Wohnungsgesellschaft der Stadt Delitzsch).

Leider ist die Schaffung von teilweiser oder gänzlicher Barrierefreiheit in Bestandsobjekten unter baulichen und finanziellen Aspekten häufig nur schwer oder überhaupt nicht umsetzbar. Statische Erfordernisse, vorgegebene Leitungsführungen oder nicht veränderbare Grundrisse von Wohnungen und Gebäuden stellen vielfach Hemmnisse dar. Hinzu kommt, dass die Umbaumaßnahmen meist sehr kostenintensiv und, soweit sie nur in einzelnen Wohnungen erfolgen, teilweise mit Kompromissen behaftet sind. Beispielhaft sei hier der Einbau von Duschen genannt. Konsequenterweise müssten die neuen Duschen ebenerdig und barrierefrei installiert werden. Da der Geschossdeckenaufbau und die Abwasserleitungsführung dieses oft nur in Erdgeschosswohnungen zulassen, sind Schwellen beim Duscheinstieg nicht zu vermeiden. Zielstellung bleibt es trotzdem, diese auf ein Minimum zu reduzieren oder zu vermeiden. Der Einbau oder Anbau von Aufzügen hat bei der Sanierung von WGD-Gebäuden in der Vergangenheit nur eine untergeordnete Rolle gespielt. Ursache hierfür war zum einen die Gebäudesubstanz bzw. -struktur, die eine baulich sinnvolle Umsetzung solcher Maßnahmen verhindert oder erschwert haben. In der Regel erreicht man aufgrund von Art und Typ der Gebäude nur wenige Wohnungen mit einer Aufzugsanlage, zum Teil unter Einbußen bei der Wohnfläche, was eine wirtschaftliche Darstellung solcher Modernisierungen erschwert. Neben den Investitionskosten spielen zum anderen die Kosten des Betriebs solcher Anlagen eine nicht zu unterschätzende Rolle. Gesetzlich vorgeschriebene Prüfungen, Wartungskosten, Energiekosten und Sicherheitsmanagement für eine einzelne Aufzugsanlage summieren sich schnell auf mehrere Tausend Euro und belasten die Mieter und Vermieter im Rahmen der Nebenkostenabrechnung nicht unerheblich.

Im Rahmen von Neubauvorhaben oder umfassenden Sanierungen sind Aufzugsein- oder -anbauten unter der Maßgabe, möglichste viele Wohnungen mit einer Anlage zu erreichen, besser und nachhaltiger umsetzbar. Die WGD besitzt fünf Gebäude, die mit Aufzugsanlagen ausgestattet sind. Somit sind 165 Wohnungen erreichbar, ohne zwingend eine Treppe nutzen zu müssen. In drei Wohngebäuden wurden die Anlagen in den Jahren zwischen 2004 und 2011 bei Neubau oder umfassender Sanierung eingebaut.

Künftig wird die Thematik insbesondere bei den geplanten innerstädtischen Neubauvorhaben intensiver beachtet werden. Auch wird der Erfahrungsaustausch mit anderen Unternehmen, die solche Maßnahmen an Bestandsgebäuden in der Vergangenheit umgesetzt haben, gesucht, um geeignete Modelle für die eigenen Gebäude zu finden, die wirtschaftlich, ökologisch und baulich sinnvoll sind und den Anforderungen der Nachhaltigkeit entsprechen.

Große Anstrengungen hat die WGD in Sachen »Energieeffizienz« unternommen. Aufbauend auf den grundlegenden Sanierungen der Jahre 1994 bis 2004 wurden weitere oder zusätzliche Maßnahmen umgesetzt, die Energieverbrauch und -erzeugung im Sinne einer positiven Ökobilanz veränderten. So wurden beim Austausch von eigenen Heizungsanlagen oder solchen, die im Rahmen des Contracting betrieben werden, die alten Anlagen durch Brennwerttechnik ersetzt. Außerdem wurden im Wohngebiet Delitzsch-Ost auf zehn Gebäuden mit insgesamt 469 Wohnungen solarthermische Anlagen errichtet, die zur Unterstützung der Warmwasserbereitung dienen. Diese Anlagen mit einer Kollektorfläche von jeweils etwa 30 m^2 decken etwa 25 % der benötigten Energiemenge zur Erwärmung des Brauchwassers in den jeweiligen Gebäuden ab und tragen so zur Einsparung von Erdgas und zur CO_2-Minderung bei. Diese Modernisierungen sind für die Mieter gegenwärtig weitgehend warmmietenneutral und können bei weiteren Steigerungen der Rohstoff- und Energiepreise künftig zur Stabilisierung der Nebenkosten beitragen. Durch den Einsatz der Solarthermie konnten im Wohnungsbestand der kommunalen Wohnungsgesellschaft in den letzten Jahren rund 65 Tonnen CO_2 eingespart werden.

Im Jahr 2009 wurde das Gebäude Bitterfelder Straße 29/29a nach sehr aufwendiger und umfangreicher Sanierung und Modernisierung als Niedrigenergiehaus fertiggestellt. Neben der entsprechend gedämmten Gebäudehülle trägt die installierte Erdwärmepumpe zur positiven Energiebilanz des Gebäudes bei. Mittels zwölf Sonden bis in eine Tiefe von etwa 90 Metern wird die Heizungsanlage mit thermischer Energie versorgt, die diese dann unter Beachtung des Wärmepumpenprinzips zur Versorgung der Fußbodenheizung des Gebäudes nutzt. Die entstehenden Heizkosten (ohne Warmwassererzeugung) von 0,20 bis 0,30 € je Quadratmeter Wohnfläche und Monat liegen rund 50 % unter denen in herkömmlichen gas- oder fernwärmebeheizten Gebäuden.

Aufgrund dieser positiven Erfahrungen kam in einem weiteren Gebäude diese Technik zum Einsatz. In den Jahren 2010/2011 wurde in zentraler, stadtbildprägender Lage in unmittelbarer Nähe von Rathaus und Schloss ein Neubau mit 24 Wohnungen und Tiefgarage errichtet. Auch dieses von außen eher historisch anmutende Gebäudeensemble in der Halleschen Straße 20–26 und Schloßstraße 15 wird von einer im Keller befindlichen Erdwärmepumpe versorgt. Neben der positiven energetischen Ausrichtung der Wohnanlage spielten beim Bau natürlich Barrierefreiheit und weitere Nachhaltigkeitsaspekte eine Rolle. Stellplätze für Autos und Fahrräder waren aufgrund der Verkehrssituation und Lage im Stadtzentrum von großer Wichtigkeit, genauso wie der Lärmschutz durch Dämmmaßnahmen an Gebäudehülle und Fenstern. Dem Wunsch vieler Mieter nach Ruhe und etwas Entspannung wurde durch Balkone beziehungsweise Terrassen im Innenhof und eine ansprechende Gestaltung der Außenanlagen Rechnung getragen. Aufgrund der unterschiedlichen Wohnungsgrößen und -zuschnitte finden sowohl Familien als auch ältere Interessenten im Sinne des »Mehrgenerationengedankens« ein sehr schönes Zuhause.

Gegenwärtig befindet sich ein weiteres Neubauvorhaben der WGD in Vorbereitung. Ebenfalls in der Innenstadt wird auf dem Gelände einer ehemaligen und inzwischen abgebrochenen Limonadenfabrik eine moderne Wohnanlage mit 40 Wohnungen und Tiefgarage entstehen (vgl. Abb. 4 und Abb. 5). Bei diesem Grundstück handelt es sich um eine seit vielen Jahren ungenutzte und zum Teil verfallene Industriebrache, die die WGD im Jahr 2013 erworben hat. In den Jahren 2014 und 2015 werden hier moderne Zwei-, Drei- und Vierraumwohnungen entstehen, wobei sowohl Energieeffizienz als auch Barrierefreiheit eine wichtige Rolle spielen. Mit diesem Neubau möchte die WGD die große Nachfrage nach innerstädtischen, zentrumsnahen Wohnungen befriedigen und das eigene Portfolio in diesem Segment erweitern.

Abb. 4: Die ruinöse Bausubstanz der Limonadenfabrik Ecke Bitterfelder-/Marienstraße, Oktober 2013 (Foto: Jürgen Pietsch).

Abb. 5: Gestaltungsentwurf der künftigen Bebauung auf der ehemaligen Industriebrache der Limonadenfabrik Bitterfelder Straße 2–6/Marienstraße 1 (Architekten und Ingenieure Pro Bau GbR).

Tiefgarage, Aufzüge, Balkone und eine sparsame ressourcenschonende Heizungsanlage bilden wichtige Grundlagen für dieses Projekt. Die Wärmeversorgung wird mittels Wärmepumpe oder mittels Blockheizkraftwerk durch Nutzung der Kraft-Wärme-Kopplung erfolgen. Die Idee, die Wärmeversorgung auch auf angrenzende bzw. in der Nähe befindliche Gebäude im Sinne einer Quartiers- oder Nahwärmelösung auszudehnen, wurde intensiv untersucht. Leider ist eine solche aus Sicht der Nachhaltigkeit sehr sinnvolle Lösung wirtschaftlich gegenwärtig noch nicht umsetzbar.

Neben den positiven Effekten, die sich die WGD mit diesem Vorhaben in Bezug auf Portfolio und Vermietung erwartet, wird natürlich auch ein städtebaulicher Missstand beseitigt. Das Bild der Delitzscher Innenstadt und insbesondere die Gebäude und Gewerbebetriebe in unmittelbarer Umgebung werden eine erhebliche Aufwertung erfahren. Zusätzlich stellt das Vorhaben eine Beseitigung von Gefahrenquellen und Sicherheitsrisiken, die von der alten Bebauung ausgingen, dar. Das Engagement auf der Industriebrache »Ehemalige Limonadenfabrik« ist das dritte Vorhaben in der Delitzscher Innenstadt, durch welche die WGD besonders stadtbildprägende Quartiere oder Gebäude aufwertet oder neu bebaut. Neben der bereits erwähnten Investition in die Wohnanlage Hallesche Straße 20–26/Schloßstraße 15 wurde bereits im Jahr 2004 das denkmalgeschützte »Scharfrichterhaus« in der August-Fritzsche-Straße aufwändig restauriert.

Bei diesem Gebäude aus dem 17. Jahrhundert handelt es sich um das ehemalige Wohnhaus des Henkers bzw. Scharfrichters der Stadt Delitzsch, die einzige im gesamten mitteldeutschen Raum noch erhaltene bauliche Anlage dieser Art (vgl. Abb. 6).[4] Die WGD hatte das Grundstück mit der ruinösen Bausubstanz im Jahr 2000 aus Privatbesitz erworben und nach dem Abriss von zahlreichen Anbauten sowie Nebengebäuden im Rahmen seiner historischen Bedeutung nach denkmalpflegerischen Vorgaben umfassend saniert. Das Gebäude beinhaltet zwei schöne großzügig geschnittene Wohnungen und ist eine Sehenswürdigkeit der Stadt. Ohne das gemeinsame Engagement von Stadt Delitzsch und WGD, unterstützt durch Fördermittel im Rahmen des Denkmalschutzes, wäre das Gebäude mit großer Wahrscheinlichkeit weiter verfallen und abgebrochen worden.

Neben den Aspekten des bisher betrachteten nachhaltigen Bestandsmanagements, das sich mit der Frage der Zukunftsfähigkeit der Wohnungsbestände beschäftigt,[5] spielen auch soziale Faktoren eine wichtige Rolle in Bezug auf die Nachhaltigkeit in der Wohnungswirtschaft. Mieterbindung, sozial ausgewogene Nachbarschaften und wohnbegleitende Dienstleistungen sind Themen, die die Wohnungsunternehmen ebenfalls bereits seit längerem beschäftigen.

4 Wilde, Manfred: Das Häuserbuch der Stadt Delitzsch. II. Teil: Die Neustadt, Vorstädte und Mühlen. Neustadt/Aisch 1994, S. 42–45; vgl. auch http://www.delitzsch.de/dz.site,postext,sehenswertes,artikel_id.154.html (letzter Aufruf: 25.03.2014)

5 GdW, Arbeitshilfe 73, Nachhaltigkeitsberichterstattung in der Wohnungswirtschaft, Berlin 2013, S. 8.

Abb. 6: Scharfrichterhaus Delitzsch, August-Fritzsche-Straße 12 (Foto: Wohnungsgesellschaft der Stadt Delitzsch).

Verantwortungsvolle und nachhaltig agierende Wohnungsgesellschaften übernehmen zunehmend jenseits von gesetzlichen Anforderungen Verantwortung im lokalen Umfeld. So werden finanzielle Mittel und Personal für die Entwicklung eines sicheren und sauberen Wohnumfelds eingesetzt, Kultur- und Bildungseinrichtungen gefördert oder soziale bzw. sportliche Projekte unterstützt.[6] Auch die WGD ist in diesem Kontext aktiv. Halbjährlich wird eine Mieterzeitschrift (vgl. Abb. 7) mit aktuellen Themen herausgegeben, die über aktuelle Projekte, rechtliche Sachverhalte und sonstige, die Mieter interessierenden Themen berichtet. So werden die Bewohner über Baumaßnahmen sowie andere Aktivitäten in ihrem Wohnumfeld informiert und damit eine größere Akzeptanz erreicht. Hinweise auf Änderungen im Mietrecht oder auf bevorstehende

6 Ebda., S. 57.

Betriebskostenabrechnungen führen zur Verminderung von Verständnisproblemen und Streitigkeiten. Darüber hinaus werden die Mieter der WGD mittels Broschüren über richtiges Heiz- und Lüftungsverhalten, wohnbegleitende Dienstleistungen und andere Sachverhalte im Zusammenhang mit der Nutzung der Wohnung informiert.

Abb. 7: Mieterzeitschrift der WGD »m²AGAZIN«, Ausgabe Winter 2013 (Foto: Wohnungsgesellschaft der Stadt Delitzsch).

Wichtig im Sinne der Mieterbindung erscheint auch die Beschäftigung eigener Hausmeister, die ein festes Arbeitsgebiet haben und den Bewohnern in der Regel gut bekannt sind. Sie dienen als erster Ansprechpartner im Wohnquartier und können bei kleineren technischen Problemen oder Havarien sehr flexibel reagieren. Außerdem stellen die Hausmeister den 24-Stunden-Bereitschaftsdienst, den die WGD ihren Mietern anbietet, sicher.

Insbesondere ältere Mieter wissen die Hausmeister als feste und verlässliche Kontaktpersonen zu schätzen, da sie für Ordnung, Sauberkeit sowie Sicherheit sorgen und oft ein offenes Ohr für Probleme haben. Dies erregte deutschlandweit Aufmerksamkeit, als unter anderen der WGD-Hausmeister Reinhard Kriebel im Jahr 2000 im Rahmen eines bundesweiten Wettbewerbes der Fachzeitschrift »Die Wohnungswirtschaft« zu Deutschlands beliebtestem Hausmeister gewählt wurde. Der Wahl durch eine Fachjury war eine Umfrage innerhalb der Mieterschaft vorausgegangen.

Kontakte und Kooperationen mit lokalen sozialen Einrichtungen und Vereinen sind ein weiterer wichtiger Aspekt der sozialen Dimension[7] der Nachhaltigkeit in der kommunalen Wohnungswirtschaft. Pflegedienste, Betreuungsverein oder Soziokulturelles Zentrum sind wichtige Bindeglieder zwischen der WGD und ihren Mietern, da über die Mitarbeiter dieser Institutionen Informationen und Hinweise transportiert, Nachbarschaftshilfe organisiert oder Betreuungs- und Unterstützungsangebote vermittelt werden. Beispielhaft sei hier die Zusammenarbeit mit dem *Soziokulturellen Zentrum e. V.* Delitzsch erwähnt. Der Verein betreibt eine Kultur- und Freizeitstätte mit Familienzentrum im Wohngebiet Delitzsch-Nord mit einem vielfältigen Angebot für alle Generationen. Diese Kultur- und Freizeitstätte wird von vielen Mietern, insbesondere Älteren und Kindern intensiv genutzt und daher im Rahmen von Spendenleistungen unterstützt. Darüber hinaus werden durch den Verein in der Seniorenwohnanlage Kosebruchweg 11/13 Mieternachmittage mit verschiedenen Themenstellungen angeboten. Außerdem vermittelt das *Soziokulturelle Zentrum* ehrenamtliche Alltagsbegleiter für Senioren, die bei der Bewältigung der täglichen Aufgaben überfordert sind oder sich einsam fühlen und Kontakte erhalten wollen.[8]

Aktuell wird gemeinsam mit dem Verein und der örtlichen Wohnungsgenossenschaft am Projekt »Mieter-Café« gearbeitet. Die hier im Jahr 2013 entstandene Begegnungsstätte soll allen Mietern und Bewohnern des Wohngebiets Delitzsch-Nord zur Verfügung stehen und wird durch das *Soziokulturelle Zentrum* betreut. Beide großen Wohnungsunternehmen unterstützen das Projekt finanziell bzw. durch die kostenfreie Überlassung der Räumlichkeiten. Das Angebot des Mieter-Cafés richtet sich nicht ausschließlich aber überwiegend an ältere, alleinstehende Bewohner, die Kontakt suchen. Neben der Nutzung als Treffpunkt sollen perspektivisch auch Informationsveranstaltungen durchgeführt und wohnbegleitende Dienstleistungen vermittelt werden. Natürlich sollen die Besucher der Begegnungsstätte auch ihre Probleme in Bezug auf Wohnung oder Nachbarschaft ansprechen können.

Zusammenfassend kann gesagt werden, dass das Thema »Nachhaltigkeit« für die Wohnungswirtschaft insgesamt und damit auch für die WGD als regionale Vermieterin von zunehmender Bedeutung ist. Neben der Umsetzung von Nachhaltigkeitszielen entlang wohnungswirtschaftlicher Wertschöpfungsprozesse wird auch die Kommunikation dieser Ziele und der entsprechenden Leistungen für die Wettbewerbsfähigkeit der Unternehmen zunehmend wichtiger.[9] In der in der bundesweiten Wohnungswirt-

---

7 GdW, Arbeitshilfe 73, Nachhaltigkeitsberichterstattung in der Wohnungswirtschaft, Berlin 2013, S. 9

8 Vgl. dazu http://www.soziokulturelles-Zentrum.de.

9 GdW, Arbeitshilfe 73, Nachhaltigkeitsberichterstattung in der Wohnungswirtschaft, Berlin 2013, Vorwort.

schaft geführten Diskussion erscheinen in vielen Fällen in der Praxis die ökonomische, ökologische und soziale Dimension der Nachhaltigkeit[10] nur unzureichend miteinander vereinbar und führen zu Konflikten. Empfohlen wird aus der eigenen Erfahrung eine umfassende Netzwerkarbeit mit allen beteiligten Partnern in der Stadt und ein begleiteter Abwägungsprozess für Investitionsentscheidungen und Maßnahmeplanungen vor dem Hintergrund aktueller gesellschaftlicher und sozialer Veränderungen. Die kommunale Wohnungsgesellschaft der Stadt Delitzsch bekennt sich zur Nachhaltigkeit und hat in Bezug auf das Bestandsmanagement in ökonomischer und ökologischer Dimension bereits gute und nachhaltige Erfolge erzielt.

10 Ebda., S. 9.

Gunter Haase

Energie im Wandel – eine Herausforderung für die Stadtwerke

Wir alle beziehen täglich Energie. Bewusst oder unbewusst, direkt oder indirekt. Hierbei ist es selbstverständlich, dass diese immer in ausreichender Menge und Qualität zur Verfügung steht. Jedoch vollzieht sich in den letzten Jahren ein Wandel in der Energieversorgung, dessen erste Auswirkungen bei den Beziehern der Energie über den Preis mittlerweile deutlich zu verspüren sind. Ein Indiz des strukturellen Umbruchs in der Versorgung ist die zunehmende Zahl der Akteure im Markt. Speziell in der Energieerzeugung und dem Energieverkauf an Endkunden sind durch Änderung der gesetzlichen Rahmenbedingungen die Markteintrittsbarrieren deutlich gesenkt worden. Die durch EU-Binnenmarktrichtlinien initiierte Öffnung des Marktes führte dazu, dass mittlerweile neben den angestammten Versorgungsunternehmen auch zahlreiche neue Unternehmen den Endkunden sowohl Strom als auch Gas anbieten. Dieser wettbewerbliche Wandel und der daraus resultierende Preisverfall werden allerdings durch eine Förderpolitik überkompensiert, deren ursprüngliches Ziel der Anschubförderung von erneuerbaren Energien mittlerweile eine Wettbewerbsverzerrung darstellt.

Quer durch die Gesellschaft besteht Konsens darüber, dass eine gesetzliche Neuregelung hin zu einer marktnahen Subventionierung mit dynamischen Komponenten zur Regulierung dieser Förderung zwingend erforderlich ist. Dass der Weg des Ausbaus der erneuerbaren Energien und die langfristige Deckung des Energiebedarfs über eine nachhaltige Energieversorgung erfolgen müssen, wird mittlerweile auch von den größten Kritikern des derzeitigen Fördermechanismus anerkannt. Großes Diskussionspotenzial bietet allerdings der Weg, der zur Erreichung dieses Ziels eingeschlagen werden soll. Bis zum Jahre 2050 sollen europaweit 80 % der verbrauchten Energien nachhaltig erzeugt werden. Ob sich ein deutscher Alleingang auf dem jetzt eingeschlagenen Weg positiv oder negativ auf die deutsche Volkswirtschaft auswirken wird, kann schwer beurteilt werden. Einige Stimmen heben speziell die Erlangung der Innovationsführerschaft auf dem Gebiet der neuen Technologien zur Energiegewinnung hervor, die langfristig die Wirtschaftskraft Deutschlands innerhalb Europas festigen wird. Andere verweisen auf das Risiko, dass diese neuen Technologien zur nachhaltigen Energiegewinnung kostenintensiver sind als die derzeit in Europa eingesetzten Erzeugungsanlagen. Speziell die Kernenergie, die unter Vernachlässigung der Folgekosten und des Risikopotenzials als kostengünstige klimaneutrale Erzeugungsart tituliert wird, ist in einigen Staaten Europas als primäre Komponente zur Erreichung der Senkung der Kohlendioxidmengen gesetzt.

Das hier mit einer Technologie unter Nutzung begrenzter Ressourcen für ein Zeitfenster von einigen Jahrzehnten Energie erzeugt wird, die zwar als klimaneutral gilt, aber den kommenden Generationen die Last der radioaktiven Abfälle aufbürdet, wird unseren Enkeln und Urenkeln schwer zu vermitteln sein. Der Ausstieg Deutschlands aus dieser Technologie setzt die gesamte Branche unter Druck. Eine über Jahrzehnte gewachsene Versorgungsstruktur in derart kurzer Zeit umzustellen, ist eine gesamtgesellschaftliche Aufgabe, deren Last gleichmäßig auf alle Schultern verteilt werden muss.

Skeptisch beobachtet man in Brüssel den deutschen Alleingang, mit dem die größte Volkswirtschaft der Europäischen Union die Energiewende umsetzt. Dieser nicht gradlinige und nicht vorhersagbare Weg hat gravierende Auswirkungen. Große Kraftwerke sind nicht mehr wirtschaftlich, Versorgungsunternehmen müssen sich strukturell neu aufstellen und die Komplexität der Prozesse hat einen Grad erreicht, der gerade Personalabteilungen vor die schwierige Aufgaben stellt, geeignete Mitarbeiter auf einem Arbeitsmarkt zu finden, auf dem per se schon ein Fachkräftemangel herrscht. In diesem diffizilen Spannungsfeld befinden sich die *Technischen Werke Deli*tzsch (TWD)[1], die kommunalen Stadtwerke der Stadt Delitzsch.

Die *Technischen Werke Delitzsch* gehören zu den kleineren Energieversorgungsunternehmen in Deutschland. Sie sind kommunal geprägt und sichern die Versorgung der Großen Kreisstadt Delitzsch als Mittelzentrum in Sachsen mit ihren rund 25 000 Einwohnern. Die TWD übernahmen am 1. Januar 1993 die Versorgungsaufgabe für die Stadt von der *Westsächsischen Energie AG*. Diese war als Nachfolgeunternehmen des *Leipziger VEB Energiekombinates West* auch für die Versorgung der Großen Kreisstadt Delitzsch verantwortlich. Parallel entstand durch Abspaltung von der *Gasversorgung Leipzig* (GVL) die *Delitzscher Gasgesellschaft mbH*, die 1995 in die *Gasversorgung Delitzsch GmbH* (GVD) umfirmierte.

Schon unmittelbar nach Aufnahme des Versorgungsauftrages durch die TWD erfolgte in den neunziger Jahren eine umfangreiche Modernisierung des Netzes. Das war zum einen erforderlich, da mit der veränderten Industrie- und Gewerbestruktur ein anderer Aufbau des Netzes erforderlich war, zum anderen aber auch der Fortschritt bei den technischen Anlagen eine Verbesserung der Versorgungssicherheit mit sich brachte. Die Hauptaufgabe bestand in der Weiterverteilung der Energie an im Netz vorhandene Abnahmestellen, wobei die Energie über das Umspannwerk an der Eilenburger Chaussee bezogen wurde.

Im Jahr 2012 vergrößerte sich das Versorgungsgebiet durch die Konzessionsübernahme der seit 1994 nach Delitzsch eingemeindeten Ortschaften. Mittlerweile betreibt die TWD im Strombereich rund 140 km Mittelspannungsnetz und 642 km Niederspannungsnetz an dem etwa 6 500 Hausanschlüsse angeschlossen sind. Mit Gas werden etwa 3 400 Hausanschlüsse über 24 km Hochdruck- und 69 km Nieder-/Mitteldruck versorgt. Zusätzlich sichert die TWD über ein eigenes Blockheizkraftwerk (BHKW) die Versorgung von etwa 2 400 Wohnungen mit Fernwärme.

1 Mochalski, Hartmut: Von Thomas Alva Edison zu 20 Jahre Technische Werke. In: Delitzscher Jahrbuch für Geschichte und Landeskunde 2012. Bad Düben 2011, S. 44–65; vgl. auch die Homepage https://www.tw-delitzsch.de (letzter Aufruf: 06.03.2014).

Abb. 1: Umspannwerk der TWD (Foto: Technische Werke Delitzsch).

Eine ausgewogene Gesellschafterstruktur aus privaten Anteilseignern und mehrheitlich der Großen Kreisstadt Delitzsch ermöglicht es der TWD, auf die Fachkompetenz der privaten Gesellschafter zurückzugreifen, zum anderen wird bei allen Entscheidungen dem kommunalen Stellenwert eine besondere Bedeutung beigemessen. Um auch im Zeichen des Umbruchs in der Energieversorgung den Spagat zwischen den einzelnen Interessenslagen zu schaffen, steht das Unternehmen vor neuen Herausforderungen. Die Abkehr von den fossilen Primärenergieträgern und die zunehmende Dezentralisierung der Energieerzeugung wirken direkt auf die TWD. Das bisherige Geschäftsmodell der Energieverteilung bzw. des Energieverkaufs muss zwangsläufig um weitere Geschäftszweige ergänzt werden, um dem Anspruch der heutigen Kunden auch zukünftig gerecht zu werden. Hierbei sind sowohl innovative neue Ideen als auch die Verbreiterung des Dienstleistungsspektrums unter Nutzung der vorhandenen Ressourcen die Zielrichtungen, die die TWD in den nächsten Jahren ansteuern muss.

Das größte Einsparpotenzial für Energie liegt im Gebäudebestand. Aber nicht jedes Gebäude kann durch bauliche Maßnahmen energetisch optimiert werden. Teilweise sind gerade bei älteren Gebäuden die Fassaden dafür nicht geeignet bzw. die Dämmmöglichkeiten bei in Plattenbauweise errichteten Gebäuden begrenzt. Weiterhin kann der durch nachträgliche Dämmung veränderte Taupunkt im Feuchtigkeitsniederschlag des Objekts auch die Gebäudesubstanz in Mitleidenschaft ziehen. Sollte das Einsparpotenzial durch Verbrauchsminimierung ausgeschöpft sein, ist zwangsläufig der Fokus auf eine effiziente und nachhaltige Wärmeerzeugung zu lenken. Hier sind speziell in Fernwärmenetze eingebundene Kraft-Wärme-Kopplungsanlagen eine ökologische Alternative. Aber auch Insellösungen mit kleinen Kraft-Wärme-Kopplung (KWK)-Erzeugungseinheiten gewinnen zunehmend an Bedeutung.

Die *Technischen Werke Delitzsch* betreiben in der Sachsenstraße ein Blockheizkraftwerk, das über rund fünf Kilometer Fernwärmetrasse 2 460 Wohnungen mit Wärme versorgt. Sowohl im Stadtumbauprogramm Ost, im Zuge dessen aufgrund von Leerstand Wohnungen zurückgebaut wurden, als auch Sanierungen an den bestehenden Objekten führten zu einer deutlichen Reduzierung des Wärmeabsatzes. Damit waren die ursprünglichen Erzeugungsanlagen überdimensioniert und es erfolgte eine Anpassung der Erzeugungskapazität des Kraftwerks.

1994 wurden erstmals Gasmotoren in das Kraftwerk eingebaut. Diese Anlagen produzieren zeitgleich Strom und Wärme, wobei primär über einen Gasmotor ein Generator zur Stromerzeugung angetrieben wird und die Abgase über Wärmetauscher die entsprechende Fernwärmeversorgung sicherstellen. Hierdurch wird ein sehr hoher Wirkungsgrad von bis zu 87 % erreicht. In Spitzenzeiten wird mit einem kostengünstigeren Heißwassererzeuger die zusätzlich erforderliche Wärme erzeugt. Eine hundertprozentige Wärmeerzeugung über diese BHKW-Module (Strom/Wärmekopplung) ist aus wirtschaftlichen Gesichtspunkten derzeit nicht möglich. Im Kraftwerk sind drei BHKW-Module installiert. Diese können unabhängig voneinander betrieben werden, sodass in Abhängigkeit vom Wärmebedarf mehr oder weniger Module in Betrieb sind. Im Jahr 2010 wurden im Zuge einer Studie die Optimierungsmöglichkeiten der bestehenden Anlage untersucht. Es stellte sich heraus, dass der Betrieb drei gleichgroß dimensionierte Module unter den aktuellen Abnahmebedingungen der Wärme nicht sinnvoll ist. Speziell im Sommer, wenn die erzeugte Wärme ausschließlich zur Heißwassernutzung in den Wohnungen verwendet wird, ist eine derartige Anlage zu groß, um die notwendige Laufzeit zu erreichen. Aus diesem Grund wurde in 2011 ein großes Modul durch ein kleineres ersetzt, das auch im Sommer rund um die Uhr in Betrieb ist und somit die notwendige Wärme effizienter bereitstellt.

Durch den Gesetzgeber wird der Betrieb dieser hocheffizienten Erzeugungsanlagen (Kraft-Wärme-Kopplung) gefördert. Hierbei wird je produzierte Kilowattstunde ein KWK-Zuschlag gezahlt, diese Förderung ist allerdings auf 30 000 Betriebsstunden begrenzt. Die beiden nicht im Jahr 2011 ausgetauschten Module hatten im Jahr 2013 diese Laufzeit überschritten, sodass ein wirtschaftlicher Betrieb dieser Anlagen bei den aktuellen Marktbedingungen nicht mehr in dem Maße möglich war. Aus diesem Grund erfolgte im Jahr 2013 eine erneute Betrachtung der Erzeugungseinheiten mit dem Ergebnis der Erneuerung eines bestehenden großen Moduls. Durch diese Erneuerung wurde zum einen das Verhältnis von erzeugtem Strom zu erzeugter Wärme verbessert und zum zweiten wurde der Wirkungsgrad erhöht. Lag bei den bisherigen Modulen der Anteil der Erzeugung Strom/Wärme bei 42 % zu 58 %, liegt er bei dem neuen Modul bei 50 % zu 50 %. Damit kann in den Übergangzeiträumen, in denen der Wärmebedarf grundsätzlich über die BHKW-Module erzeugt werden soll, die Laufzeit des Moduls deutlich verbessert werden. Ein höherer Auslastungsgrad und ein höherer Wirkungsgrad stellen gesamtwirtschaftlich gesehen einen sowohl ökonomischen als auch ökologisch verbesserten Betrieb der Anlage dar. Zusätzlich unterliegt mit dieser Erneuerung diese Anlage auch wieder der Förderung nach dem Kraft-Wärme-Kopplungsgesetz.

Das zweite, nicht im Jahr 2011 ausgetauschte Modul, wird weiterbetrieben. Allerdings erfolgt hier die Umstellung auf Bioerdgas, sodass der zukünftig erzeugte Strom unter die Förderung nach dem EEG-Gesetz fällt. Das Bioerdgas stammt aus einer Biogasanlage, die auf Basis nachwachsender Rohstoffe (Biomasse) durch Vergärung Biogas erzeugt. Dieses Biogas wird noch vor Ort aufbereitet, sodass es in das normale Erdgasnetz eingespeist werden kann. Seitens der TWD besteht ein direkter Vertrag mit dem Lieferanten des Bioerdgases, der sicherstellt, dass die produzierte Menge in der Biogasanlage und die entnommene Menge durch das BHKW-Modul gleich sind. Durch diese rein bilanzielle Betrachtung ist sichergestellt, dass Biogasanlagen auch die Versorgung von Kraft-Wärme-Kopplungs-Modulen übernehmen können, wenn keine direkte Leitung zwischen der Erzeugungsanlage und dem Modul vorhanden ist.

Durch die Umstellung einer Wärmeerzeugungseinheit auf Biogas konnte der Primärenergiefaktor des Kraftwerks verbessert werden. Dieser ist ein Maßstab für die effiziente Energienutzung. Gerade bei Neubauten und Modernisierungen wird durch den Gesetzgeber mittlerweile vorgeschrieben, dass ein Teil der notwendigen Wärme nachhaltig produziert wird. Beim Einsatz von Fernwärme mit dem entsprechenden Primärenergiefaktor wird dieser gesetzlichen Forderung vollumfänglich Rechnung getragen, sodass die Fernwärme umweltschonend und effizient ist. Mit der Umstellung auf Bioerdgas ist die darüber erzeugte Wärme in ihrer Nachhaltigkeit mit Solarthermie gleichzusetzen und steht noch über der Geothermie, da hier die Herkunft des eingesetzte Stroms maßgeblich ist.

Es ist davon auszugehen, dass ein Teil der derzeit über Fernwärme versorgten Gebäude rückgebaut werden und damit an den bestehenden Objekten keine signifikanten Sanierungsmaßnahmen mehr durchgeführt werden. Aus diesem Grund wird seitens der TWD kontinuierlich an der Optimierung der Wärmeerzeugungsanlagen gearbeitet. Eine vollständige mittelfristige Umstellung auf Bioerdgas wird bei wirtschaftlicher Sinnfälligkeit in Betracht gezogen.

Neben der Fernwärmeversorgung betreiben die TWD Nahwärmeinseln. In diesen erfolgt in räumlicher Nähe der Objekte die Wärmeerzeugung über hocheffiziente Brennwerttechnik. Zukünftig setzt die TWD auf Mini- und Mikro-BHKWs. Hierbei wird die Anlage so konzipiert, dass die Wärmegrundlast über eine kleine KWK-Erzeugungseinheit abgedeckt wird und notwendige Spitzen über Brennwerttechnik ausgeglichen werden. Zusätzlich ergibt sich der Vorteil, dass der vor Ort erzeugte Strom innerhalb des wärmeversorgten Quartiers angeboten werden kann. Eine Stromautarkie ist hier jedoch nicht erreichbar.

Speziell in Ein- und Zweifamilienhäusern bieten ältere Heizungsanlagen Potenzial zur Einsparung. Eine Umrüstung auf modernere Technik, die Optimierung der Hauswärmeverteilung durch einen hydraulischen Abgleich bzw. Erneuerung der Umwälzpumpen sind Maßnahmen, die die TWD im Rahmen eines Einspar-Contractings anbietet. Hierbei erfolgt die Refinanzierung ausschließlich über die erzielte Einsparung, sodass dem Gebäudeeigentümer keine zusätzliche finanzielle Belastung entsteht.

Abb. 2: Kundenberatung im Servicebereich der Technischen Werke Delitzsch in der Sachsenstraße (Foto: Technische Werke Delitzsch).

Erdgas dient in Delitzsch hauptsächlich als Energieträger für die Gebäudebeheizung. Der industriell bzw. gewerblich genutzte Anteil liegt bei 35 %. Bei Realisierung der durch die Politik gestellten Einsparungsziele ist langfristig mit regressivem Gasabsatz zu rechnen. Daraus folgt ein Preisverfall des Produkts »Erdgas« durch einsparungsinduzierte sinkende Nachfrage und gleichzeitigem Überangebot. Das Gasnetz in der Stadt wurde in den 1990er Jahren umfassend saniert und ausgebaut. Zukünftige Instandhaltungsinvestitionen halten sich in Grenzen. Mittelfristig ist nicht damit zu rechnen, dass die Nutzung von Bioerdgas eine wirtschaftlich sinnvolle Alternative zur ausschließlichen Gebäudeheizung darstellen wird. Kleinere BHKW, betrieben mit Bioerdgas, über die im Zuge der Stromvermarktung als EEG-Strom ein zusätzlicher Deckungsbeitrag erwirtschaftet werden kann, sind in bestimmten Einsatzfällen denkbar.

Eine Entwicklung des bestehenden Gasnetzes auf lokaler Verteilnetzebene zu einem *Smart Grit* (intelligentes Netz), wie es für Stromnetze propagiert wird, ist derzeit keine Option. Aufgrund der Speicherbarkeit von Gas besteht keine Abhängigkeit zwischen zeitgleichem Verbrauch und Bereitstellung von Gas. Einzig temporäre Netzengpässe erfordern eine intelligente Netzsteuerung. Die TWD setzt in

Zukunft auf Netzerweiterung in den nach Delitzsch eingemeindeten Gebieten sowie auf eine Netzverdichtung durch Anschluss von nicht gasbeheizten Gebäuden an das bestehende Netz.

Delitzsch ist seit 2011 eine von den Städten Deutschland, in deren Stromnetz mehr Strom aus erneuerbaren Energien eingespeist als von Endverbrauchern abgenommen wird. Daraus ergibt sich für die *Technischen Werke* eine besondere Herausforderung. Ursprünglich wurde das Netz mit einer Energieflussrichtung konzipiert, dass die Energie über das Umspannwerk, das Mittelspannungsnetz, die Trafostation und das Niederspannungsnetz an die Verbraucher fließt.

Mittlerweile ist es ein Normalzustand, dass aus dem Delitzscher Netz in das 110 KV-Netz des vorgelagerten Netzbetreibers gespeist wird. Bei sämtlichen Baumaßnahmen wird zwischenzeitlich darauf geachtet, dass die Stromrichtung beidseitig sichergestellt werden kann.

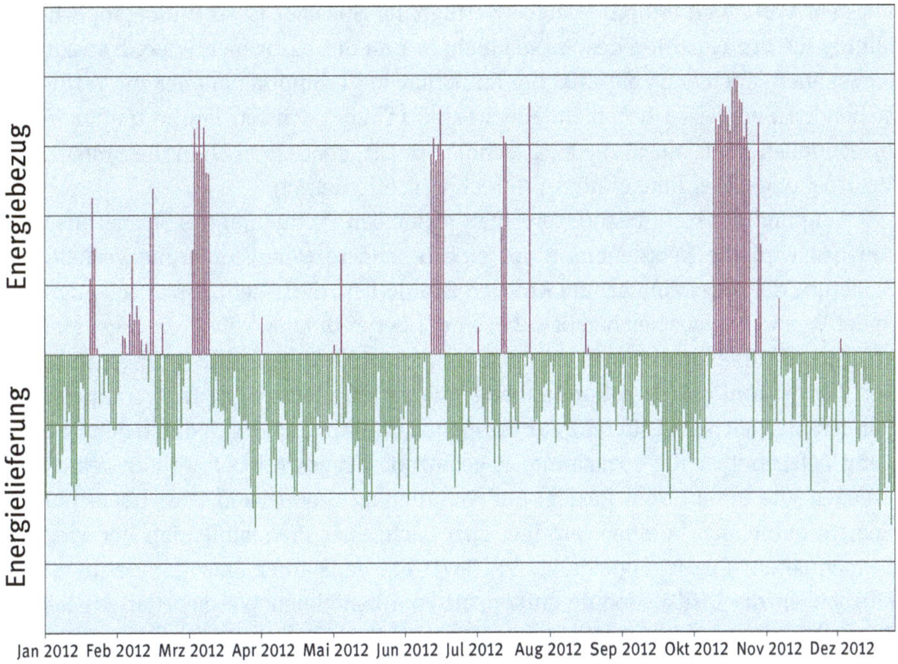

Abb. 3: Energiebilanz und Lastfluss im Elektronetz der Stadt Delitzsch (Grafik: Technische Werke Delitzsch).

Gegenwärtig wird intensiv in Überwachungstechnik investiert, die an verschiedenen Stellen im Netz installiert wird. Mit dieser Technik ist es möglich, relativ schnell einen Überblick über die aktuelle Netzsituation zu bekommen und im Falle eines Fehlers relativ schnell zu reagieren. Perspektivisch wird mit Ausbau intelligenter Zählertechnik und Anbindung dieser an eine Zentrale der Überblick über die Spannungssituation im Netz deutlich vereinfacht. Zukünftig kann auf Basis dieser Daten über regelbare Ortsnetz-Trafo die Netzqualität gewährleistet werden. Gemeinsam mit einem Partner werden die *Technischen Werke Delitzsch* in den nächsten Jahren in diese Technologie investieren. Mit dem Einsatz dieser neuen Messtechnik wird die Basis für die Optimierung der internen Abrechnungsprozesse gelegt. Zusätzlich besteht die Möglichkeit, Auffälligkeiten im Verbrauchsverhalten einzelner Abnahmestellen, wenn gewünscht, über eine Alarmierung an den Kunden weiterzugeben. Perspektivisch wird der *Smart Meter* (intelligenter Zähler) das Bindeglied zu vielen technischen Geräten im Haushalt darstellen. Eine Einsparung von bezogener Energie ist mit dieser neuen Technik nur im geringen Umfang möglich und setzt voraus, dass der Kunde sich aktiv mit seinem Verbrauchsverhalten beschäftigt. Vielmehr wird über eine flexible Tarifierung von Strom und der Kopplung von steuerbaren Geräten an die Zählertechnik eine Lastverschiebung in lastschwachen Zeiten möglich.

Eine stabile Stromversorgung setzt voraus, dass die Stromerzeugung zeitgleich mit dem Verbrauch erfolgt. Mangels verfügbarer Speicher ist es unumgänglich, zukünftig die Bezugskosten des Stroms nicht nur an der bezogenen Energie auszurichten, sondern auch den Zeitpunkt der Entnahme in Verbindung mit der zur Verfügung stehenden Energie zu beachten. Hierzu sind in den nächsten Jahren umfangreiche Investitionen nicht nur in die Messtechnik vor Ort, sondern auch in die Systeme zur Verarbeitung dieser Daten und zur Abrechnung erforderlich.

Aufgrund der nicht bedarfsgerechten regionalen Produktion des Stroms aus EEG-Anlagen wird die Netzsteuerung vor eine besondere Herausforderung gestellt. Zur Sicherung der Netzstabilität sind Anlagen erforderlich, die in sehr kurzer Zeit Engpässe in der Versorgung ausgleichen bzw. bei einer Überproduktion von Strom diese Mengen kurzfristig aufnehmen können. Die Netzstabilität obliegt dem Übertragungsnetzbetreiber. Für die fünf östlichen Bundesländer ist das Unternehmen 50 Hz[2] verantwortlich. Für den Ausgleich der Differenz aus Erzeugung und Abnahme wird durch den Übertragungsnetzbetreiber die sogenannte Regelenergie ausgeschrieben. Für Betreiber von Anlagen, die ihren Strom flexibel auf Anforderung produzieren bzw. überschüssige Energie aufnehmen können, eröffnet sich nach einer Prequalifikation der Weg der Teilnahme am Regelenergiemarkt. Die TWD hat dank ihrer Erzeugungsstruktur die Möglichkeit die BHKW-Module entkoppelt vom benötigten Wärmebedarf zu fahren. Speziell negative Regelenergie, d. h., dass aktuell im Netz mehr Energie erzeugt als benötigt wird und daraus resultierend zusätzliche Abnahme geschaffen werden muss, kann seitens der TWD bereitgestellt werden. Hierbei werden die in Betrieb befindlichen BHKW-Module über eine Leistungsreduzierung als virtuelle Verbraucher aktiviert. Das Steuersignal hierzu kommt vom Übertragungsnetzbetreiber.

Im Jahr 2014 plant die TWD zusätzlich die Inbetriebnahme einer Power-to-Heat-Anlage. Hierbei handelt es sich um eine Art überdimensionierten Durchlauferhitzer,

2 Vgl. dazu www.50hertz.com.

der auf Anforderung in kurzer Zeit eine Netzlast von einem MW bereitstellt und somit die Überproduktion von Strom kompensiert. Die hierbei entstehende Wärme kann entweder direkt ins Fernwärmenetz eingespeist bzw. bei mangelnder Abnahme im Wärmespeicher zwischengepuffert werden. Die Reaktionszeiten solcher Elektrokessel liegen im Sekundenbereich. Damit hat der Übertragungsnetzbetreiber die Option, kurzfristige Schwankungen über die TWD-Anlage auszugleichen. Perspektivisch sollen auch kleinere Anlagen in diese bedarfsgerechte Fahrweise einbezogen werden. Hierzu werden diese Anlagen über intelligente Funksysteme miteinander gekoppelt und stehen nach außen als eine virtuelle Anlage steuerbar zur Verfügung. Aufgabe der *Technischen Werke Delitzsch* ist es, diese Kopplung sicherzustellen.

Mit dem Wandel in der Energieversorgung eröffnen sich für die *Technischen Werke Delitzsch* Chancen. Mit innovativen Konzepten im Bereich der Wärme- und Stromproduktion, mit verlässlichen Partnern, über die die Vermarktung der Anlagen erfolgt sowie durch kreative Produkte, die einen Anreiz zur flexibleren Abnahme von Strom schaffen, eröffnen sich neue Handlungsfelder. Gleichzeitig setzt die TWD auf eine vertrauensvolle Zusammenarbeit mit dem städtischen Hauptgesellschafter und mit den zwei großen örtlichen Wohnungsgesellschaften, um neben der eigentlichen Energiebelieferung zukünftig auch weitere Infrastrukturdienstleistungen anzubieten.

Abb. 4: Gesellschaftliches Engagement für die Boxer des Eisenbahnersportvereins (Foto: Technische Werke Delitzsch).

Mit 50 Mitarbeitern gehört die TWD in Delitzsch zu den mittleren Arbeitgebern. Im Schnitt der letzten Jahre erlernen bei den *Technischen Werken Delitzsch* drei bis vier

Auszubildende einen technischen bzw. kaufmännischen Beruf. Delitzsch ist geprägt durch ein vielfältiges Vereinsleben. Hier kommt die TWD ihrer gesellschaftlichen Verpflichtung nach und fördert speziell Vereine, die sich stark in der Kinder- und Jugendarbeit engagieren. Gleichzeitig wird mit Präsenz der TWD auf vielen Ortsteil- und Stadtfesten die Verankerung des Unternehmens mit der Großen Kreisstadt Delitzsch gezeigt. Damit kann man der Aufgabe innerhalb einer kommunalen Gebietskörperschaft gerecht werden, nachhaltiges ökonomisches und energieeffizientes Handeln auch mit sozialem Engagement zu verknüpfen.

Jürgen Uhlig

Der Weg der Stadt Delitzsch zum *European Energy Award®*

Die Stadt Delitzsch hat von den Anfängen der energie- und klimapolitischen Arbeit bis zur erstmaligen Auszeichnung mit dem *European Energy Award®* in Gold im Jahr 2012 einen langen Weg zurückgelegt. Im Diskurs der Entscheidungsfindung, Fortschreibung und Beispielgebung galt es auf verschiedene Fragestellungen einzugehen: Ist das Qualitätsmanagementsystem *European Energy Award®* nachhaltig? Könnten andere Kommunen aus den Erfahrungen von Delitzsch lernen? Was ist das Geheimnis des Erfolgs von Delitzsch? Auf diese Fragen soll in diesem Kapitel eingegangen werden und es soll versucht werden, Antworten zu finden. Ich lade Sie ein, den Weg der Stadt Delitzsch mit mir nachzuvollziehen.

Bevor man die Entwicklung der Stadt Delitzsch bei der Teilnahme am *European Energy Award®* näher betrachtet, bedarf es einer kurzen Erläuterung des zugrundeliegenden Programms. Der *European Energy Award®* – kurz eea – ist ein praxiserprobtes Entwicklungs- und Umsetzungsinstrument für Städte, Gemeinden, kommunale Zusammenschlüsse und Landkreise, das die selbst bestimmten energie- und klimapolitischen Ziele beschreibt und den Entwicklungsprozess zur Erreichung dieser Ziele kontinuierlich überwacht. Entwickelt wurde der eea für mehrere europäische Länder als Qualitätsmanagementsystem und Zertifizierungsverfahren durch ein europäisches Forum, welches sich auch um dessen laufende Fortschreibung bemüht. Initiatoren waren neben der Schweiz und Österreich auch die Bundesrepublik Deutschland, wobei auf Erfahrungen aus zwei Vorläuferprogrammen in der Schweiz »Energiestadt Schweiz« und Österreich »e5-Programm« aufgebaut werden konnte.

Der *European Energy Award®* ist ein dynamisches Qualitätsmanagementsystem, das mittels verschiedener Instrumente Qualitätskriterien erfasst und über eine einheitliche Bewertungsmatrix eine vergleichende Betrachtung der erreichten Ergebnisse mit beschriebenen Qualitätsstandards ermöglicht. Vereinfacht gesagt heißt dies, man misst das Erreichte in verschiedenen energie- und klimarelevanten kommunalen Handlungsfeldern kontinuierlich an vordefinierten Standards. Wird dies nicht erreicht, muss man geeignete Maßnahmen definieren, um an einer Verbesserung der Standards zu arbeiten. Nach der Umsetzung dieser Maßnahmen misst man erneut mit diesen vordefinierten Standards und beschließt gegebenenfalls weitere neue Maßnahmen, um diesen Standard zu erreichen. Sobald ein gewisses Qualitätsniveau der eigenen Umsetzungsarbeit erreicht ist, erfolgt eine Prüfung und Bestätigung im Rahmen einer externen Auditierung.

Diese iterative Vorgehensweise der laufenden Analyse, Planung, Durchführung und Anpassung ist als sogenannter kontinuierlicher Verbesserungsprozess bekannt und eines der Grundprinzipien jedweden Qualitätsmanagements. Im *European Energy Award®*

werden derzeit 79 bzw. 62 Maßnahmen[1] in sechs Handlungsfeldern abgefragt und anhand vorgegebener Standards bewertet. Die sechs Handlungsfelder sind »Entwicklungsplanung, Raumordnung«, »Kommunale Gebäude, Anlagen«, »Versorgung, Entsorgung«, »Mobilität«, »Interne Organisation« und »Kommunikation, Kooperation«. Die Summe der Bewertungen für die einzelnen Standards vermittelt das Gesamtergebnis über die erreichten und umgesetzten energie- und klimapolitischen Ziele der Kommune.

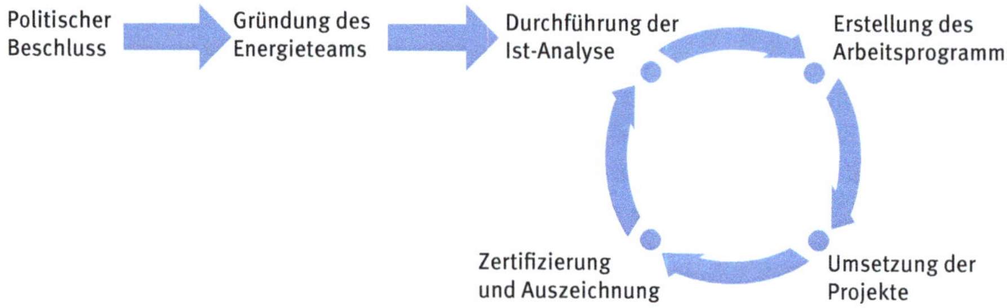

Abb. 1: Kontinuierlicher Steigerungsprozess im eea[2] (Grafik: Jürgen Uhlig).

Im Entwicklungsprozess des eea gibt es unterschiedliche Kernakteure mit verschiedenen Funktionen. Im Zentrum steht zunächst ein sogenanntes Energieteam als Träger des Verfahrens in der jeweiligen Verwaltung, welches entsprechend der Breite des Spektrums betrachteter Handlungsfelder interdisziplinär besetzt ist und regelmäßig auch verwaltungsexterne Akteure einbezieht. Hinzu kommt ein akkreditierter eea-Berater, welcher den Entwicklungsprozess moderiert und vor allem externes Know-how in diesen einbringt. Ist diese vereinfachte Beschreibung des *European Energy Award®* noch nicht vollständig nachvollziehbar, so empfehlen sich an dieser Stelle die erschienenen Publikationen der Bundesgeschäftsstelle des eea oder den Informationsabruf auf der entsprechenden Internetseite www.european-energy-award.de.[3]

Für die Stadt Delitzsch begann der Weg zum *European Energy Award®* im November 2005 mit dem Antrag auf Förderung einer zweijährigen Programmteilnahme im Rahmen des »energy regio«-Modellprojekts. Als Vorstufe dafür diente im Jahre 2002 aber bereits eine Beteiligung der Stadt am Sparkassenprojekt »Gebäude- und Liegenschaftsmanagement für Kommunen«. Als Sachgebiet mit einem Leiter und zwei Mitarbeiter/-innen wurden darin neben der administrativen Liegenschaftsverwaltung

1 Stand 2013. Hier erfolgt im Programm eine Unterscheidung zwischen Kommune und Landkreis. Da Kommunen in den relevanten Handlungsfeldern mehr unterschiedliche Ansatzpunkte für ihre Arbeit haben, werden mehr Standards betrachtet.

2 http://www.european-energy-award.de/media/usermedia/images/Graphiken/Managementzyklus-eea_deutsch.jpg (letzter Aufruf: 21.11.2013).

3 Bundesgeschäftsstelle European Energy Award c/o B.&S.U. Beratungs- und Service-Gesellschaft Umwelt mbH.

auch die kommunalen Gebäude und in einem zweiten Schritt auch die Reinigungs- und Hausmeisterdienste zugeordnet. Dieses Sachgebiet bildete den Anknüpfungspunkt für die projektgebundene Zusammenarbeit der Stadt Delitzsch mit der *KEM Kommunalentwicklung Mitteldeutschland GmbH* aus Dresden. Delitzsch und zwei weitere Pilotkommunen wurden seinerzeit ausgewählt, ein Gebäude- und Liegenschaftsmanagement (GLM) mit finanzieller Unterstützung durch die Sparkassenorganisation in der Einführungsphase aufzubauen und ihre Erfahrungen in einem Leitfaden zu dokumentieren. Dem damaligen Projektverantwortlichen und heutigen Leiter des Energieteams, Andreas Rieck, gelang es, gemeinsam mit einer kommunalen Arbeitsgruppe in kürzester Zeit ein Gebäude- und Liegenschaftsmanagement aufzubauen. Bis heute gibt es nur wenige etablierte GLM-Prozesse in den neuen Bundesländern, die eine derart hohe Qualität erreicht haben und sich ständig verbessern. Die Stadt Delitzsch setzte hierbei frühzeitig auf die Nutzung eines CAFM-Programms[4], einer datenbankgestützten Spezialanwendung des Gebäude- und Liegenschaftsmanagements, um alle relevanten Informationen des Gebäudebewirtschaftungsprozesses zentral abbilden und auswerten zu können. Im folgenden Auswertungsschema sehen Sie beispielhaft den witterungsbereinigten Wärmeverbrauch der städtischen Objekte.[5]

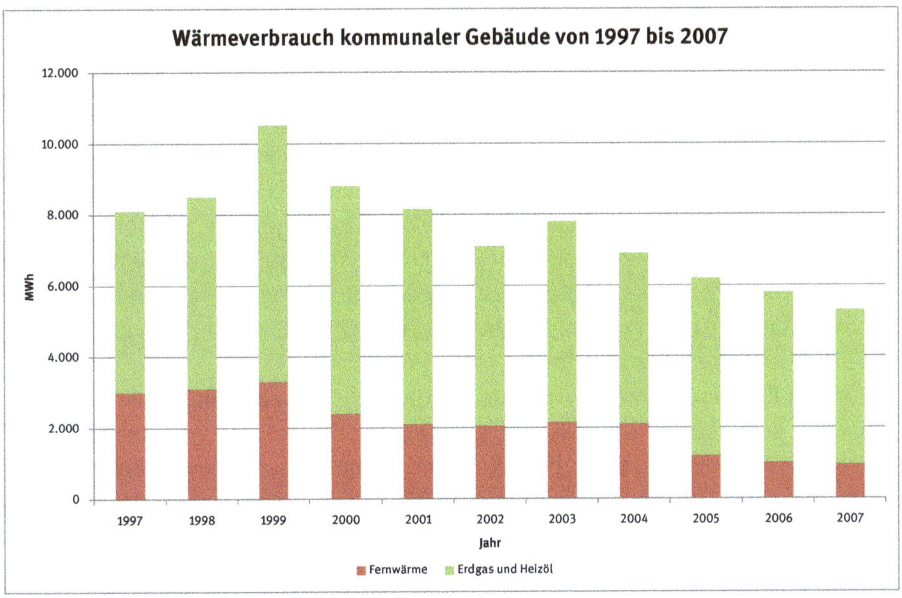

Abb. 2: Verbrauchsentwicklung Wärmeverbräuche kommunaler Gebäude in Delitzsch (Grafik: Jürgen Uhlig).

4 Computer Aided Facility Management.

5 Stadt Delitzsch, Energiebericht 2006/2007, S. 13.

Die Erfahrungen aus dem vorgenannten Projekt und die damit erprobte interdisziplinäre Zusammenarbeit innerhalb der Kommune einschließlich der Betreuung durch einen externen Berater bewog die Stadt, die Teilnahme am *European Energy Award®* in dieser Testphase mit 15 Kommunen zu beantragen. »Doch in erster Linie geht es um Kosteneinsparung und einen Beitrag zum Klimaschutz sowie die Imagewirkung für die Stadt«[6], so die Entscheidungsträger von damals.

Am 4. April 2006 traf sich erstmalig das Energieteam zu seiner konstituierenden Sitzung im Rathaus von Delitzsch. Bereits damals erlebte die KEM als externer Berater eine sehr aktive Mitarbeit der einzelnen Teammitglieder. Von den anfänglich zwölf Teammitgliedern sind 2013 noch acht im *European Energy Award®*-Projekt der Stadt tätig, was zeigt, mit welcher Konstanz die vielfältigen Projekte bearbeitet werden können. Ein an dieser Stelle zu erwähnender Faktor für die gute Arbeit des Energieteams ist, dass die damaligen und heutigen Führungskräfte, sprich Bürgermeister und Oberbürgermeister, den Prozess nicht nur begleiten, sondern diesen mit ihrem persönlichen Engagement vorangetrieben haben und dies weiterhin tun. Dieser unbedingte Wille, die gestellten Ziele zu erreichen, hat sich von Beginn an auf alle Mitarbeiter/-innen der Stadt als auch auf die Entscheidungsträger der kommunalen Beteiligungsgesellschaften und weitere Akteure übertragen. Zu diesen Akteuren gehören neben der städtischen Wohnungsgesellschaft auch die Stadtwerke TWD und die beiden Wohnungsbaugenossenschaften sowie die lokalen Zweckverbände *Delitzsch-Rackwitzer Wasserversorgung* und der *Abwasserzweckverband Delitzsch.* Dieser Wille und die Begeisterungsfähigkeit der Beteiligten ist ein Erfolgsfaktor für die erreichten Ergebnisse in Delitzsch.

Mit der für eine teilnehmende Kommune zeitlich relativ kurzen sechsmonatigen Ist-Analyse konnte die Stadt alle zu bewertenden Standards so beschreiben, dass eine externe Erst-Auditierung und anschließende Zertifizierung bereits im Jahr 2007 möglich wurde. Die in dieser Phase des Prozesses gesammelten Informationen dienten zum einen der Wissensvermittlung bei allen beteiligten Akteuren, zum anderen halfen sie dabei, die Fähigkeit zu erlangen, eine relativ objektive Eigeneinschätzung in Bezug auf die Arbeitsergebnisse zu führen.

Da im *European Energy Award®* die Handlungsfelder selbst und die Standards im Einzelnen aufeinander aufbauen bzw. sich gegenseitig bedingen, lernen alle Beteiligten in diesem Verfahren, welch hohe Komplexität die energetischen und klimaschutzpolitischen Prozesse einer Kommune kennzeichnet und welche Auswirkungen sich auf die Stadt- bzw. Regionalentwicklung daraus resultieren. Hier ein Beispiel: Hat eine Stadt ein optimiertes Radwegenetz für das Stadtgebiet geplant (Verkehrsplanung, eea-Handlungsfeld 1) und dieses für wichtige öffentliche Objekte oder Verkehrsknotenpunkte bereits umgesetzt (Radwegenetz, Beschilderung, eea-Handlungsfeld 4), ist es für den Einwohner attraktiver, bei seiner täglichen Verkehrsmittelwahl das Rad öfter

6 »So schlecht sind wir gar nicht«, In: Leipziger Volkszeitung, Ausgabe Delitzsch Regional vom 6. Mai 2007.

zu nutzen (Model-Split, eea-Handlungsfeld 4) und somit die Fahrleistung mit dem PKW zu reduzieren. Dies wiederum führt zu einer Verminderung klimaschädlicher Treibhausgasemissionen (CO^2-Bilanz, eea-Handlungsfeld 1).

Mit der Verabschiedung des Energiepolitischen Arbeitsprogramms im März 2007 wurden zur Verbesserung der einzelnen Standards 35 investive und nicht investive Umsetzungsmaßnahmen aufgenommen. Das energiepolitische Arbeitsprogramm ist seit 2007 das Steuerungsinstrument für alle energie- und klimarelevanten Maßnahmen und Projekte in Delitzsch. Die Selbstbindung durch den Grundsatzbeschluss des Stadtrats und die kontinuierliche Evaluierung der einzelnen Maßnahmen einschließlich der Fortschreibung des Programms sind ein Garant für eine nachhaltige Entwicklung der städtischen Energie- und Klimaschutzpolitik.

Mit der ersten Auszeichnung als sogenannte Energiesparstadt Delitzsch im Oktober 2007 und den erreichten Kosteneinsparungen bei den öffentlichen Gebäuden und Anlagen[7] stieg bei den Beteiligten und weiteren Akteuren der Stadt die Akzeptanz des *European Energy Award®*. Die erreichten Ergebnisse spornten die Beteiligten an, noch intensiver und konsequenter den eingeschlagenen Weg zur nachhaltigen Energie- und Klimapolitik zu verfolgen. An dieser Stelle ist die sehr aktive Mitarbeit der *Technischen Werke Delitzsch*, der *Delitzscher Wohnungsgesellschaft* und der *Wohnungsbaugenossenschaft »Aufbau« eG* im Energieteam der Stadt zu nennen. Gerade diese Gesellschaften sind wichtige Multiplikatoren gegenüber den Bürgern und Bürgerinnen der Stadt und sie haben ideelle und finanzielle Möglichkeiten, die Energie- und Klimapolitik der Stadt zu unterstützen.

Im Zeitraum von 2007 bis 2010 konnte die Stadt Delitzsch fast vollständig die geplanten Maßnahmen des energiepolitischen Arbeitsprogramms umsetzen. Neben der Realisierung spielt die erreichte Qualität der einzelnen Maßnahmen eine herausragende Rolle, um die gesteckten Energie- und Klimaschutzziele zu erreichen. Genau diese Qualitäten konnte die Stadt Delitzsch bei vielen Maßnahmen im Einzelnen erreichen.

Im nachfolgenden Schaubild sind die Ergebnisse aus den internen Audits im Zeitraum 2006 bis 2012 ablesbar.[8]

---

7 Stadt Delitzsch, Energiebericht 2006/2007, S. 8.

8 Stadt Delitzsch Audit-Tool 2010.

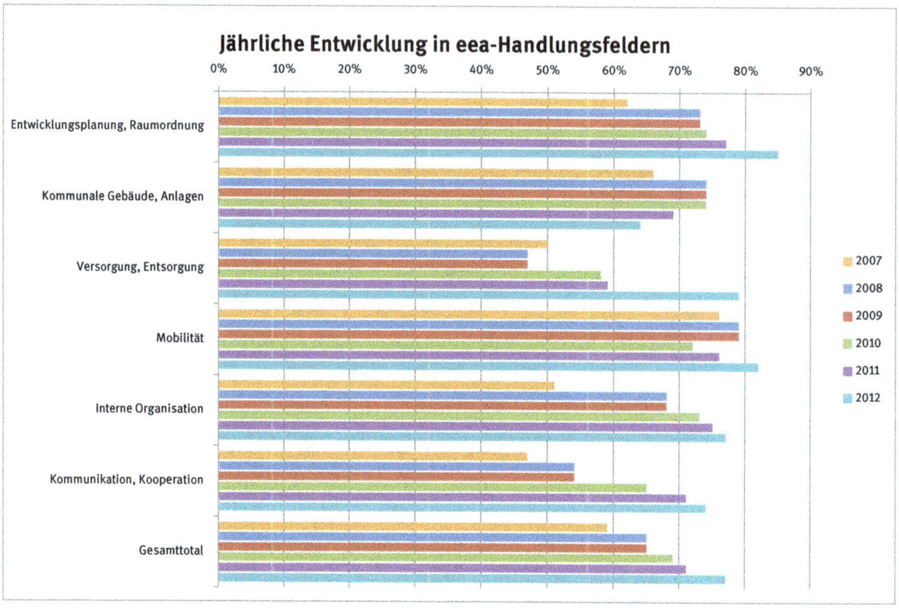

Abb. 3: Entwicklung der Zielerreichung seit 2006 (Grafik: Jürgen Uhlig).

Der *European Energy Award®* orientiert sich stark am dreidimensionalen Ansatz der Nachhaltigkeit und integriert demnach ökologische, ökonomische und soziale Aspekte in die Betrachtung einzelner Qualitätsstandards. Bei der Erarbeitung des Energiepolitischen Arbeitsprogramms spielte diese Dreiecksbetrachtung eher in der Diskussion von Inhalten eine Rolle, als in der möglichst praktikablen Formulierung von Arbeitstiteln für die einzelnen Umsetzungsmaßnahmen. Hier sollte auch in anderen Kommunen und Landkreisen der Begriff der Nachhaltigkeit in der energie- und klimaschutzbezogenen Arbeit zukünftig stärker genutzt werden und eine Ausrichtung auf das inzwischen 300 Jahre alte Nachhaltigkeitsprinzip erfolgen. Das Beispiel der Stadt Delitzsch kann hier praxiserprobt die Einstellung Anderer im Entwicklungs- und Fortschreibungsprozess positiv beeinflussen.

Natürlich gab es im Zeitraum 2007 bis 2010 und danach immer wieder Konflikte, Hemmnisse und Rückschläge bei der Umsetzung einzelner Projekte, welche natürlich sind und die positive Gesamtbilanz des eea in Delitzsch nicht oder nur temporär beeinflusst haben. Hier ist zum Beispiel die eher zurückhaltende Besucherresonanz zur jährlichen Veranstaltungsreihe »Woche der Sonne« ebenso zu benennen, wie der intensive, nicht immer einfache Diskussionsprozess zur Erreichung selbstgesteckter, energetischer Standards bei Bauprojekten im öffentlichen Immobilienbestand oder die personelle und zeitliche Ausstattung des städtischen Energiemanagements. Gegenwärtig und vermutlich auch zukünftig werden sich die Stadt und ihre handelnden Akteure mit vermeidbaren Fehlern oder falschen Einschätzungen konfrontiert sehen. Das ist normal und zu akzeptieren, solange die positiven Ergebnisse überwiegen und diese schlussendlich den eingeschlagenen Weg zur nachhaltigen Energie- und Klimapolitik stützen.

Im August 2010 konnte die Stadt zum ersten externen Re-Audit den Titel »Energiesparstadt« verteidigen und mit einer prozentualen Zielerreichung von 70 % abschließen. Diese beachtliche Ergebnissteigerung und der unbändige Wille, die nächste Qualitätsstufe[9] zu erreichen sowie die Teilnahme am Bundesforschungsprogramm[10] »Energieeffiziente Stadt« veranlassten die Stadt im Jahr 2012, die erneute externe Auditierung zum *European Energy Award*® in Gold in Angriff zu nehmen.

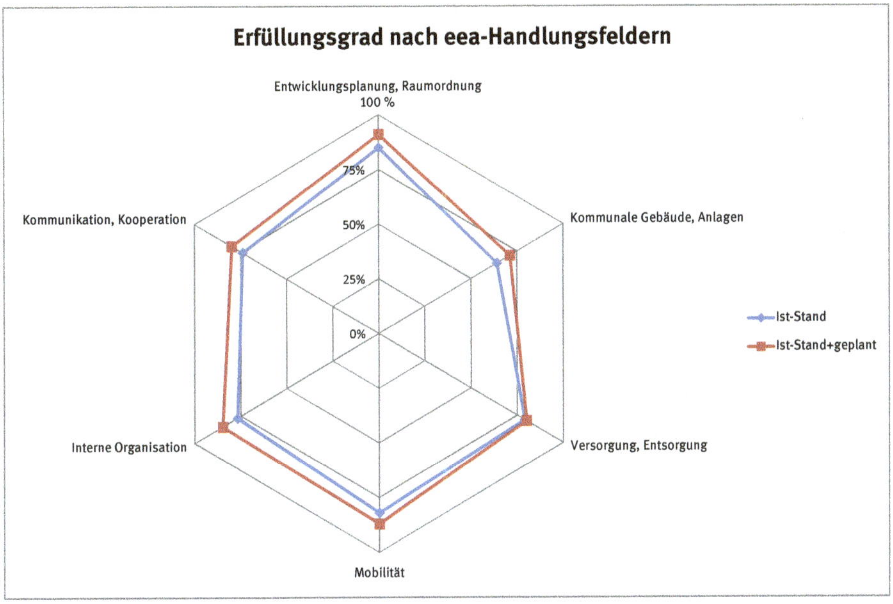

Abb. 4: Sogenannte Ergebnisspinne – Stärken-/Schwächenprofil über die sechs Handlungsfelder (Grafik: Jürgen Uhlig).

Mit der Fortschreibung des energiepolitischen Arbeitsprogramms für den Zeitraum 2012 bis 2014 und der Integration der Projekte aus dem BMBF-Wettbewerb konnte die Stadt die Grundvoraussetzungen schaffen, den Zielerreichungsgrad im eea nochmals deutlich zu steigern. An dieser Stelle ist zu erwähnen, dass eine externe Auditierung mit dem *European Energy Award*® *Gold* eine sehr große Herausforderung für die beteiligten Kommunen im europäischen Rahmen ist. Die Intensität der mehrstufigen Prüfung durch ausgewählte europäische Auditoren garantiert eine hohe, dem Verfahren und dem Status (Gold) entsprechende Qualität. Durch die bereits beschriebene, sehr

9 *European Energy Award*®*Gold*, ab 75 % Zielerreichung.
10 Träger ist das *Bundesministerium für Bildung und Forschung* (BMBF).

gute Zusammenarbeit aller am Prozess beteiligten Akteure in der Stadt konnte sich Delitzsch im Juni 2012 der Auditierung zum *European Energy Award® Gold* als zweite Kommune in den neuen Bundesländern überhaupt mit Erfolg stellen. Hatte in der ersten Stufe die Stadt Delitzsch im Jahre 2006 zunächst 59 % erreicht, so folgte in der nächsten Stufe 2010 mit 70 % bereits der Silberstatus. Das teamorientierte Arbeiten und die konsequente Umsetzung der Ergebnisse aus der interdisziplinären Arbeitsgruppe wurden 2012 gekrönt. Nach Begutachtung durch das Forum *European Energy Award e. V. International Office* in Zürich/Schweiz, wurde mit zertifizierten 76,7 % die Stadt Delitzsch 2012 als eine von 24 europäischen Städten und erste sächsische Kommune in Brüssel/Belgien mit dem Goldstatus ausgezeichnet.

Abb. 5: Beispielhafte Publikationen zu Themen Energie und Klimaschutz in Delitzsch (Foto: Jürgen Uhlig).

Neben vielen herausragenden Projekten und Bilanzzahlen in den Bereichen »Energieeffizienz« und »Erneuerbare Energien« kann die Stadt Delitzsch auf eine sehr gute und intensive Presse- und Medienarbeit verweisen. Fast täglich, aber mindestens wöchentlich, werden Informationen und Fakten aus der Stadt verbreitet und die Bürger und Bürgerinnen zur Energie- und Klimapolitik informiert. Diese Informationspolitik schafft die Grundlage für eine schrittweise Bewusstseinsbildung bei allen Bürgern und Bürgerinnen der Stadt.

Mit dem erreichten Ergebnis und der Auszeichnung zur »Europäischen Energie- und Klimaschutzkommune« in Gold im Oktober 2012 konnte zwar ein weiterer Meilenstein im *European Energy Award®* abgeschlossen werden, aber der Entwicklungspfad zu einer allumfassend energieeffizienten und ökologischen Stadt ist noch lang. Gerade die Erkenntnisse aus dem BMBF-Forschungsprojekt zeigen, in welchen Bereichen die Stadt noch Potenzial und Handlungsbedarf hat. Bezogen auf den eea kommt hinzu, dass das Programm durch die beteiligten europäischen Länder hinsichtlich der zu erreichenden Qualitätsstandards ständig weiterentwickelt wird. Eine entsprechende Fortschreibung geschieht zyklisch in einem Abstand von drei bis fünf Jahren.

Abb. 6: Auszeichnung mit dem European Energie Award® in Brüssel 2012 (Foto: Stadt Delitzsch).

Abschließend stellt sich die noch nicht beantwortete Frage: Könnten andere Kommunen von den Erfahrungen aus Delitzsch lernen? Diese Frage kann klar mit »Ja« beantwortet werden. Genau diese, im vorliegenden Kapitel beschriebenen Erfahrungen mit dem *European Energy Award®* sollen von interessierten und bereits am Programm beteiligten Kommunen aufgenommen werden, um ihren eigenen langen Weg zum *European Energy Award®* erfolgreich zu gehen und Hemmnisse zu beseitigen beziehungsweise Fehler zu vermeiden. Schließlich soll genau dieser Erfahrungsaustausch den eea als Umsetzungsinstrument in öffentlichen Verwaltungen prägen und Voraussetzung für eine effiziente energie- und klimaschutzbezogene Entwicklung der teilnehmenden Kommunen sein. Andere Kommunen und Landkreise können an den Erfahrungen der Stadt Delitzsch partizipieren und so kann interkommunal der Fortschreibungsprozess vorangetrieben werden.

Der *European Energy Award®* in Delitzsch fügt sich nahtlos in die Nachhaltigkeitsstrategie der Stadt ein und ist weiterhin Impulsgeber zur Umsetzung des Leitbilds »Energieeffiziente Stadt«.

Literaturverzeichnis

Bruckner, T., M. Gröger, V. Schmid, A. Bleicher, C. Gleiche, S. Geyler, A. Rieck, J. Otto, M. Denef, G. Schröder, I. Erfurt. 2010. Wege in die energieeffiziente urbane Moderne. Entwicklung eines akteursorientierten kommunalen Energiemanagementsystems in Delitzsch. Förderkennzeichen 03SF0364. Abschlussbericht. Leipzig. http://uni-leipzig.de/~effstadt/cms/uploads/media/Abschlussbericht_ProjektphaseII_Delitzsch.pdf.

Bruns, T. 2013. Stadt und Bürger profitieren. In: der gemeinderat 9, S. 10–11.

Bundesministerium für Wirtschaft und Technologie (BMWi). 2007. Eckpunkte für ein integriertes Energie- und Klimaprogramm. IEKP. Die Meseberger Beschlüsse.

Bundesministerium für Umwelt, Naturschutz und Reaktorsicherheit (BMU)/Bundesministerium für Wirtschaft und Technologie (BMWi). 2010. Energiekonzept. Berlin. http://www.e2a.de/data/files/energiekonzept_bundesregierung.pdf (letzter Aufruf: 03.03.2014).

Die Bundesregierung: Perspektiven für Deutschland. Unsere Strategie für eine nachhaltige Entwicklung. http://www.bundesregierung.de/Content/DE/_Anlagen/Nachhaltigkeit-wiederhergestellt/perspektiven-fuer-deutschland-langfassung.pdf (letzter Aufruf: 03.03.2014).

Wissenschaftliche Dienste des Deutschen Bundestages: Der aktuelle Begriff Nr. 06/2004. Nachhaltigkeit. http://www.bundestag.de/dokumente/analysen/2004/Nachhaltigkeit.pdf (letzter Aufruf: 21.11.2013).

Bundesministerium für Bildung und Forschung (BMPF): BMBF Wettbewerb »Energieeffiziente Stadt«. https://www.wettbewerb-energieeffiziente-stadt.de/ (letzter Aufruf: 20.09.2013).

von Carlowitz, H. C. 1713. Sylvicultura Oeconomica oder haußwirthliche Nachricht und Naturmäßige Anweisung zur wilden Baum-Zucht.

Contracting: www.mp-gruppe.de/upload/presse/pdf_veroeffentlichungen/Artikel_Definition_und_Grundlagen_aus_Contracting_11.pdf. (letzter Aufruf: 06.03.2014)

Delitzsch: www.delitzsch.de/dz.site,postext,sehenswertes,artikel-id.154.html (letzter Aufruf: 06.03.2014)

Sächsisches Staatsministerium für Kultus. Der Sächsische Bildungsplan – ein Leitfaden für pädagogische Fachkräfte in Krippen, Kindergärten und Horte sowie für Kindertagespflege. Weimar/Berlin 2007. http://www.kita.sachsen.de/download/download_bildung/Bildungsplan_Endfassung_11_2007.pdf (letzter Aufruf am 03.03.2014).

ECOLOG-Institut für sozialökologische Forschung und Bildung gGmbh (Hrsg.). 2008. Nachhaltigkeit kommunizieren. Zielgruppen, Zugänge, Methoden. http://www.21-kom.de/fileadmin/user_upload/PDFs/01_NHK_Social_Marketing_Ueberblick/Nachhaltigkeit_Kommunizieren_20_08_2010_C.pdf (letzter Aufruf: 03.03.2014).

von Egan-Krieger, T. (Hrsg.). 2009. Die Greifswalder Theorie starker Nachhaltigkeit. Ausbau, Anwendung und Kritik.

Energieeffiziente Modernisierung im Gebäudebestand bei Ein- und Zweifamilienhäusern – Aktivierung und Kompetenzstärkung von Eigenheimbesitzern. Forschungsprojekt Enef Haus. www.enef-haus.de/index.php?id=6 (letzter Aufruf: 06.03.2014).

Erhorn-Kluttig, H. et al. 2011. Energetische Quartiersplanung. Methoden- Technologien- Praxisbeispiele. Stuttgart: Fraunhofer IRB Verlag.

Institut dezentrale Energietechnologien (die), 100ee erneuerbare energie region: www.100-ee.de (letzter Aufruf: 06.03.2014).

European Energy Award: http://www.european-energy-award.de/media/usermedia/images/Graphiken/Managementzyklus-eea_deutsch.jpg (letzter Aufruf 21.11.2013).

GdW Bundesverband deutscher Wohnungs- und Immobilienunternehmen e. V. (Hrsg.). 2010. Perspektiven und Projekte. Nachhaltige Entwicklung von Stadtquartieren.

GdW Bundesverband deutscher Wohnungs- und Immobilienunternehmen e. V. 2012. Ökonomie, Ökologie und soziale Verantwortung. In: http://web.gdw.de/energie-und-klimaschutz/nachhaltigkeit (letzter Aufruf 12.01.2014).

GdW. 2013. Arbeitshilfe 73, Nachhaltigkeitsberichterstattung in der Wohnungswirtschaft.

Generali Altersstudie 2013. 2012. Wie ältere Menschen leben, denken und sich engagieren. Frankfurt/M. Vgl. auch Bundeszentrale für politische Bildung, Schriftenreihe Band 1348. Bonn 2013.

Gibson, R. 2006. Beyond the Pillars: Sustainability Assessment as a Framework for Effective Integration of Social, Economic and Ecological Considerations in Significant Decision-Making, in: Journal of Environmental Assessment Policy and Management, Vol. 8, No. 3, S. 259–280.

Hopwood, B., M. Mellor und G. O'Brien. 2005. Sustainable Development: Mapping Different Approaches, in: Sustainable Development 13, S. 38–52.

Institut für sozial-ökologische Forschung (ISOE). 2010. Evaluation der Kampagne »Gut beraten starten«. Im Auftrag der Klimaschutzagentur Region Hannover GmbH und von proKlima – der Enercity-Fonds. ISOE-Publikation, Frankfurt am Main. Im Internet abrufbar unter http://www.isoe.de/ftp/publikationen/ISOE_GutBeratenStarten.pdf (Abruf am 12.08.2013).

KITs: Projekthomepage des KITs. 2013. http://blm.ieb.kit.edu/763.php (letzter Aufruf 20.09.2013).

Landesentwicklungsplan Sachsen 2013, http://www.landesentwicklung.sachsen.de/download/Landesentwicklung/LEP_2013.pdf.

Leipziger Volkszeitung. 2007. Ausgabe Delitzsch Regional »So schlecht sind wir gar nicht«.

Meadows, Dennis L., Donella H. Meadows, Jørgen Randers, William W. Behrens. 1972. The Limits to Growth Universe Books, New York. Deutsche Übersetzung von Hans-Dieter Heck unter dem Titel: Grenzen des Wachstums. Stuttgart 1972.

Mitteilung Hanns-Michael Oßwald (Mineralölhandel Schmidt) 22. August 2013 und Karl-Heinz Böhmer (Kreiswerke Delitzsch GmbH) 11. Juni 2013.

Mochalski, Hartmut. 2011. Von Thomas Alva Edison zu 20 Jahre Technische Werke. In: Delitzscher Jahrbuch für Geschichte und Landeskunde 2012. Bad Düben, S. 44–65.

Nachhaltigkeitsrat: www.nachhaltigkeitsrat.de/de/der-rat/auftrag-des-rates/ (letzter Aufruf 5.1.2014); www.nachhaltigkeitsrat.de/projekte/eigene-projekte/nachhaltige-stadt/ (letzter Aufruf 05.01.2014).

Nachhaltiges Wirtschaften schafft Mehrwert für Alle - ökonomisch, sozial und ökologisch. http://www.vohrmann-consulting.de/nachhaltig-wirtschaften.html.

Radverkehrskonzept der Stadt Delitzsch – Delitzsch fährt Rad. 2012. Im Auftrag der Stadt Delitzsch erarbeitet vom Büro StadtLabor, Tim Tröger und Fritjof Mothes GbR in Leipzig.

Schulgesetz für den Freistaat Sachsen (SchulG) in der Fassung der Bekanntmachung vom 16.07.2004 publiziert auf www.revosax.sachsen.de (letzter Aufruf 30.09.2013).

Sichere Stromversorgung: www.50hertz.com.

Sinus Sociovision. 2012. Sinus-Milieus. Online verfügbar unter http://www.sinus-institut.de/loesungen/sinus-milieus-html. (letzter Aufruf am 20.08.2013).

Soziokulturelles Zentrum Delitzsch: www.soziokulturelles-Zentrum.de.

Stadtverwaltung Delitzsch: Stadtratsbeschlüsse der Stadt Delitzsch Nr. 01/2006; Nr. 132/2006; Nr. 07/2009; Nr. 50/2010; Nr. 52/2011; Nr. 74/2011; Nr. 23/2012; Nr. 27/2012; Nr. 54/2012; Nr. 75/2012. Energiebericht 2006/2007; Leitbild der Großen Kreisstadt Delitzsch »Delitzsch 2015 – Stadt im Wandel« von 2006 (http://www.delitzsch.de/dz.site,postext,leitbild2015.html, letzter Aufruf: 06.03.2014); Bauplanungsamt, Akte Städtebauliches Entwicklungskonzept 2009; Gesellschaftsvertrag Wohnungsgesellschaft der Stadt Delitzsch mbH vom 11.11.2009.

Standortzufriedenheit Mitteldeutschland, Unternehmensbefragung im Jahr 2009, Einzelergebnisse der Stadt Delitzsch, http://www.leipzig.ihk.de/Portaldata/1/Resources/dokumente/01_sop/wipo/konjunktur/standortzufriedenheit/Stadt_Delitzsch.pdf (letzter Aufruf: 06.03.2014).

Studienreise für Bürgermeister ins schwedische Växjö – Gute Beispiele sehen und auf eigene Projekte übertragen. In: Sachsen trifft Europa. Innovative Ergebnisse für mehr Energieeffizienz in Kommunen und bei den Bürgern. Sächsisches Staatsministerium für Umwelt und Landwirtschaft (Hg.). Dresden 2013, S. 35.

Technische Werke Delitzsch: https://www.tw-delitzsch.de.

UNWCED World Commission on Environment and Development: Our common future, Oxford 1987.

Urban Mining: http://www.urban-mining-verein.de/index.php?id=92. (letzter Aufruf 06.03.2014)

Wilde, Manfred. 1994. Das Häuserbuch der Stadt Delitzsch. II. Teil: Die Neustadt, Vorstädte und Mühlen. Neustadt/Aisch, S. 42–45.

Wilde, Manfred. 2008. Episoden um Hermann Schulze-Delitzsch. Taucha.

Wilde, Manfred, Andreas Rieck. 2013. Delitzsch: Einführung eines kommunalen Energiemanagements. In: Klimaschutz trotz knapper Kasse. Ein Handbuch für die Kommunalverwaltung. Herausgegeben im Auftrag des Bundesministerium für Umwelt, Naturschutz und Reaktorsicherheit. Berlin/Dessau, S. 52–53.

Wilde, Manfred, Tillman Bruns. 2014. Delitzsch – Labor für nachhaltiges Handeln. In: Stadt und Gemeinde. Publikation des Deutschen Städte- und Gemeindebundes 3, S. 70–72.

Zu den Autoren

Bruckner, Thomas, Prof. Dr. rer. nat.
Universität Leipzig, Lehrstuhl für Energiemanagement und Nachhaltigkeit; Direktor des Instituts für Infrastruktur und Ressourcenmanagement; Mitglied des Intergovernmental Panel on Climate Change (IPCC)

Bruns, Tillman, Dipl.-Ing., Wirtschaftsingenieur M.Sc.
Energieeffizienzmanager Stadt Delitzsch; Verein Deutscher Ingenieure (VDI); Verband Deutscher Wirtschaftsingenieure (VWI)

Genzel, Oliver, Dipl.-Sozialwirt
Amtsleiter Schul-, Kultur- und Sozialamt der Stadt Delitzsch

Haase, Gunter, Dipl.-Ingenieur für Elektrotechnik und Wirtschaftsingenieurwesen
Geschäftsführer der Technischen Werke Delitzsch GmbH in Delitzsch; Mitglied im Lenkungsausschuss des Bundes Deutscher Energiewirtschaft (BDEW)

Koch, Karl-Heinz, Dipl.-Ingenieur für Bauwesen
Amtsleiter Bauamt der Stadt Delitzsch; Mitglied im Arbeitskreis Bergbaufolgelandschaft und Radverkehr der Landesdirektion Leipzig und Landkreis Nordsachsen

Planer, André, Dipl.-Kaufmann
Geschäftsführer der Wohnungsgesellschaft der Stadt Delitzsch mbH; Mitglied im Verbandsausschuss Verband der Wohnungs- und Immobilienwirtschaft Sachsen e. V. (VdW)

Steinbach, Ricarda, Dipl.-Politikwissenschaftlerin
Referatsleiterin für Wirtschaft und Tourismus Stadt Delitzsch; Dozentin für Sicherheits- und Wirtschaftspolitik; ehemaliges Mitglied TT 30 der Deutschen Gesellschaft des Club of Rome

Uhlig, Jürgen, Dipl.-Ingenieur für Elektrotechnik
Geschäftsführer der Kommunalentwicklung Mitteldeutschland GmbH (KEM); Mitglied der Arbeitsgemeinschaft Deutscher Sanierungs- und Entwicklungsträger (ADS)

Verhoog, Mart, MBA International Management
Universität Leipzig, Lehrstuhl für Energiemanagement und Nachhaltigkeit, Institut für Infrastruktur und Ressourcenmanagement.

Weinsziehr, Theresa, Dipl. Regionalwissenschaftlerin
Universität Leipzig, Lehrstuhl für Energiemanagement und Nachhaltigkeit, Institut für Infrastruktur und Ressourcenmanagement

Wilde, Manfred, Privat-Doz. Dr. phil. habil.
Oberbürgermeister der Stadt Delitzsch; Mitglied im Hauptausschuss des Deutschen Städtetages, im Ausschuss für Bau und Umwelt des Sächsischen Städte- und Gemeindetages und im Oberbürgermeisterdialog »Nachhaltige Stadt«, einer Einrichtung des »Rats für Nachhaltige Entwicklung« der Bundesregierung

Stichwortverzeichnis

www.ingramcontent.com/pod-product-compliance
Lightning Source LLC
LaVergne TN
LVHW060616300926
849162LV00008B/1638
* 9 7 8 3 1 1 0 3 5 3 8 2 2 *